BODO BÖRNER

Planungsrecht für Energieanlagen

– Vom Liberum Veto zur Planfeststellung –

VERÖFFENTLICHUNGEN
DER AKADEMIE FÜR RAUMFORSCHUNG UND LANDESPLANUNG

Abhandlungen
Band 69

Planungsrecht für Energieanlagen

– Vom Liberum Veto zur Planfeststellung –

von

BODO BÖRNER K

GEBRÜDER JÄNECKE VERLAG · HANNOVER · 1973

Anschrift des Verfassers:
o. Prof. Dr. Bodo Börner, 5 Köln 41, Zülpicher Straße 83;
Direktor des Instituts für Energierecht und des Instituts für das Recht der
Europäischen Gemeinschaften, Universität Köln

ISBN 3 7792 5338 0

Alle Rechte vorbehalten · Gebrüder Jänecke Verlag Hannover · 1973
Gesamtherstellung: Druck- und Verlagshaus Gebrüder Jänecke, Laatzen/Hannover
Auslieferung durch den Verlag

INHALTSÜBERSICHT

Seite

Einleitung 1

1. Teil

Jetzige Rechtslage für den Bau von Energieanlagen 2

Überblick 2

1. Kapitel

1. Stufe: Das Verfahren nach § 4 EnWG 2

2. Kapitel

2. Stufe: Genehmigungserfordernisse zur Wahrung öffentlicher Belange 4
   A. Bundesrecht 4
      I. Bundesfernstraßengesetz 4
      II. Wasserhaushaltsgesetz 5
      III. Luftverkehrsgesetz 5
      IV. Schutzbereichgesetz 5
      V. Gewerbeordnung 5
      VI. Atomgesetz 6

   B. Landesrecht 6
      I. Straßengesetze 6
      II. Wassergesetze 7
      III. Bauordnungen 8
      IV. Naturschutzgesetze 9
      V. Flurbereinigungsgesetze 9

   C. Vorschriften der Gemeinden (Bebauungspläne) 9

   D. Raumordnung und Landesplanung 10
      I. Bundesrecht 10
         a) Fragestellung 10
         b) EVU als Adressaten 11
         c) Energieaufsichtsbehörden als Adressaten 14
         d) Ergebnis 18
      II. Landesrecht 18
         a) EVU als Adressaten 18
         b) Energieaufsichtsbehörden als Adressaten 20
         c) Raumordnungsverfahren 21
         d) Ergebnis 22

   E. Folgen 22
      I. Vielzahl behördlicher Erlaubnisse 22
      II. Kein Rechtsanspruch auf Grobtrasse 23
      III. Keine Berücksichtigung der Interessen der Grundstückseigentümer .. 23

3. Kapitel

3. Stufe: Feststellung der Zulässigkeit der Enteignung nach § 11 Abs.1 EnWG 24
   A. Allgemeines 24
   B. Insbesondere Erforderlichkeit der Enteignung 24
   C. Rechtsschutz 28

4. Kapitel

4. Stufe: Durchführung der Enteignung nach § 11 Abs. 2 EnWG in Verbindung mit den Landesenteignungsgesetzen 28
   A. Zuständigkeit ....
   B. Verweisung auf die Landesgesetze 29
   C. Rechtsschutz 30
   D. Folgerungen 30
      I. Verbindlichwerden der Trasse durch das ungeeignete Mittel der Enteignung 30
      II. Unzureichende Berücksichtigung der Interessen der Grundstückseigentümer 31

2. Teil   Seite
Verfahren bei anderen Bauvorhaben 32

1. Kapitel
Fälle eines Planfeststellungsverfahrens 32
         A. Landstraßen 32
         B. Sonstige Straßen im weiteren Sinne 33
         C. Nichtstraßen 35

2. Kapitel
Wirkungen der Planfeststellung 35
         A. Wirkungen gegenüber der öffentlichen Hand 35
              I. Konzentrationseffekt 35
             II. Zusammentreffen verschiedener Planfeststellungen 38
                  a) Positivrechtliche Kollisionsregelungen 38
                  b) Übrige Fälle 39
         B. Wirkung gegenüber den Grundstückseigentümern 40
              I. Beteiligung der Grundstückseigentümer am Planfeststellungsverfahren 40
             II. Wirkung auf die öffentlichrechtlichen Beziehungen der Grundstückseigentümer 40
           III. Wirkung auf die Privatrechtslage der Grundstückseigentümer 40

3. Teil
Folgerungen für den Bau von Energieanlagen 42

1. Kapitel
Herkömmliches Planfeststellungsverfahren 42
         A. Frühere Begründung der Forderung nach einem Planfeststellungsverfahren 42
         B. Heute ausschlaggebend gewordener Grund 42
         C. Beurteilung des herkömmlichen Planfeststellungsverfahrens 43

2. Kapitel
Planfeststellungsverfahren neuer Art 45
         A. Grundsätzliche Regelung eines Planfeststellungsverfahrens neuer Art 45
         B. Zur Einzelregelung für das Kollegium der Planfeststellungsbehörde 47
              I. Zusammensetzung 47
             II. Weisungsgebundenheit 47
           III. Sonstige Vorschriften 48
         C. Besonderheit der Planfeststellungsbehörde 48
         D. Gesetzesentwurf 50

Literaturverzeichnis 53

ABKÜRZUNGSVERZEICHNIS

ABl.	Amtsblatt
AöR	Archiv des öffentlichen Rechts
BauO	Bauordnung
BayLPlG	Bayerisches Landesplanungsgesetz
BayVBl.	Bayerische Verwaltungsblätter
BayVGH	Bayerischer Verwaltungsgerichtshof
BB	Der Betriebs-Berater
BBauG	Bundesbaugesetz
BGBl.	Bundesgesetzblatt
BMV	Bundesminister für Verkehr
BVerfG	Bundesverfassungsgericht
BVerfGE	Entscheidungen des Bundesverfassungsgerichts, Amtliche Sammlung
BVerwG	Bundesverwaltungsgericht
BVerwGE	Entscheidungen des Bundesverwaltungsgerichts, Amtliche Sammlung
BWPlanG	Landesplanungsgesetz Baden-Württemberg
DÖV	Die Öffentliche Verwaltung
DVBl.	Deutsches Verwaltungsblatt
DVO	Durchführungsverordnung
EnWG	Energiewirtschaftsgesetz
ET	Energiewirtschaftliche Tagesfragen
EVU	Energieversorgungsunternehmen
EW	Elektrizitätswirtschaft
FStrG	Bundesfernstraßengesetz
GBl.	Gesetzblatt
GewO	Gewerbeordnung
GG	Grundgesetz
GS. NW	Sammlung des bereinigten Landesrechts Nordrhein-Westfalen. 1945—1956
GuVS	Gesetz- und Verordnungssammlung für die Braunschweigischen Lande
GVBl.	Gesetz- und Verordnungsblatt
GV NW	Gesetz- und Verordnungsblatt für das Land Nordrhein-Westfalen
GWB	Gesetz gegen Wettbewerbsbeschränkungen
GWF	Das Gas- und Wasserfach
Hess. PlanG	Hessisches Landesplanungsgesetz
JbÖffR n. F.	Jahrbuch des öffentlichen Rechts der Gegenwart, neue Folge
JuS	Juristische Schulung
LuftVG	Luftverkehrsgesetz
LWG NW	Landeswassergesetz Nordrhein-Westfalen
MBl.	Ministerialblatt
NJW	Neue Juristische Wochenschrift
NROG	Gesetz über Raumordnung und Landesplanung Niedersachsen
NRW, NW	Nordrhein-Westfalen
NW PlanG	Landesplanungsgesetz Nordrhein-Westfalen
OVG	Oberverwaltungsgericht
PrGS	Gesetz-Sammlung für die Kgl. Preußischen Staaten
PrOVGE	Entscheidungen des Preußischen Oberverwaltungsgerichts
RbE	Rechtsbeilage der Elektrizitätswirtschaft
RdErl.	Runderlaß
RegBl.	Regierungsblatt

RGBl.	Reichsgesetzblatt
RGZ	Entscheidungen des Reichsgerichts in Zivilsachen, Amtliche Sammlung
Rh.-Pf. LPlG.	Landesplanungsgesetz Rheinland-Pfalz
ROG	Raumordnungsgesetz
SchlHPlanG	Gesetz über Landesplanung Schleswig-Holstein
SGV. NW	Sammlung des bereinigten Gesetz- und Verordnungsblattes für das Land Nordrhein-Westfalen
SLPG	Saarländisches Landesplanungsgesetz
VEnergR	Veröffentlichungen des Instituts für Energierecht an der Universität zu Köln
VerwRspr.	Verwaltungsrechtsprechung in Deutschland
VG	Verwaltungsgericht
VkBl.	Verkehrsblatt. Amtsblatt des Bundesministers für Verkehr
VRS	Verkehrsrechts-Sammlung
VwGO	Verwaltungsgerichtsordnung

Einleitung

Die Untersuchung ist auf Veranlassung der Akademie für Raumforschung und Landesplanung entstanden. Viel verdankt sie der intensiven Beratung in deren Forschungsausschuß „Raum und Energie".

Die Energieversorgungsunternehmen müssen große Anstrengungen machen, wenn sie auch in Zukunft Strom und Gas in den Mengen liefern wollen, die die Verbraucher abrufen. Denn es genügt dazu nicht, die jetzigen Anlagen instand zu halten und zu modernisieren, sondern es müssen neue Erzeugungsanlagen und Leitungen gebaut werden, soll die Erzeugungs- und Leitungskapazität mit dem wachsenden Bedarf Schritt halten. Gelingt das nicht, so kommt es zu Rationierungen des Stroms, die das Leben von Unternehmen und Haushalten hemmen, ja lähmen können.

Soll das vermieden werden, so müssen die nötigen Kapazitäten rechtzeitig erstellt werden, und es müssen die notwendigen Einsatzenergien verfügbar sein. Beides ist noch nicht sicher. Insbesondere die rechtzeitige Erstellung der Kapazitäten scheitert, wenn die Industrie die Kraftwerke und Leitungen nicht rechtzeitig liefern kann oder wenn der Staat die Baugenehmigungen nicht rechtzeitig erteilt. Im folgenden ist nur der zweite Problemkreis zu untersuchen, also zu prüfen, ob das Genehmigungsverfahren für den Bau von Energieerzeugungs- und Fortleitungsanlagen nach geltendem Recht so zügig abgewickelt werden kann, daß es keine unziemliche Verzögerung bei der Erstellung neuer Kapazitäten hervorruft.

Anlaß der Untersuchung ist also nicht schon die Frage, ob man das geltende Recht verbessern kann, um es so noch näher an die Postulate von Rechtsstaat und Sozialstaat heranzuführen. Der Anlaß ist ernster: Es ist zu untersuchen, ob eine Beibehaltung des jetzigen Verfahrens in Zukunft zu einer Rationierung von Strom und Gas und zu den damit verbundenen Folgen für Staat und Gesellschaft führen kann; Motiv der Arbeit ist nicht die staats- und verwaltungsrechtliche Feineinstellung, sondern die volkswirtschaftliche Grobeinstellung.

Dazu ist im ersten Teil das jetzige Genehmigungsverfahren im Bereich der Energieversorgung darzustellen, im zweiten das in anderen Bereichen übliche Planfeststellungsverfahren. Der dritte Teil zeigt, daß es nicht genügt, bei der Energiewirtschaft das herkömmliche Planfeststellungsverfahren einzuführen. Deshalb wird ein Planfeststellungsverfahren neuer Art entwickelt und ein Gesetzesvorschlag dafür vorgelegt.

1. Teil
Jetzige Rechtslage für den Bau von Energieanlagen

Überblick

Das jetzige Recht sieht für die Genehmigung von Anlagen der Energieversorgung vier Stufen vor:

1. Das Vorhaben wird nach § 4 Abs. 1 EnWG der Energieaufsichtsbehörde, also dem Wirtschaftsministerium des Landes, angezeigt. Das Ministerium kann nach § 4 Abs. 2 EnWG das Vorhaben beanstanden oder untersagen[1]).

2. Im Rahmen eines landesplanerischen Anhörungsverfahrens wird festgestellt, ob die aufgrund öffentlichrechtlicher Rechtsbeziehungen nötigen Genehmigungen von den beteiligten Behörden erteilt werden[2]).

3. Das Wirtschaftsministerium erklärt nach § 11 EnWG, daß die Enteignung von Grundeigentum zulässig ist[3]). Für die Stufen 1—3 dient das Meßtischblatt 1 : 25 000 als Unterlage; auf ihm ist die sog. Grobtrasse eingetragen.

4. Der Regierungspräsident führt die Enteignung nach Landesrecht durch[4]). Auf der Grundlage von Katasterplänen im Maßstab 1 : 1 000 wird die sog. Feintrasse festgelegt. Das Verfahren wird — sofern die Leitungsrechte nicht privatrechtlich beschafft sind — abgeschlossen durch einen enteignungsrechtlichen Planfeststellungsbeschluß und einen Besitzeinweisungsbeschluß des Regierungspräsidenten.

1. Kapitel
1. Stufe: Das Verfahren nach § 4 EnWG

§ 4 Abs. 1 EnWG[5]) verpflichtet die EVU, vor dem Bau, der Erneuerung, der Erweiterung und der Stillegung von Energieanlagen Anzeige zu erstatten. Um dieser Pflicht zu genügen, reicht das EVU, bevor es andere Schritte unternimmt, einen Schriftsatz mit technischen und energiewirtschaftlichen Angaben und einem Meßtischblatt der Energieaufsichtsbehörde ein[6]). Zuständig für die Energieaufsicht sind nach Art. 83 GG die Bundesländer[7]) und hier die Wirtschaftsminister[8]).

---

[1]) Unten 1. Kapitel.

[2]) Unten 2. Kapitel.

[3]) Unten 3. Kapitel.

[4]) Unten 4. Kapitel.

[5]) Gesetz zur Förderung der Energiewirtschaft (Energiewirtschaftsgesetz) vom 13. 12. 1935, RGBl. I S. 1415, zuletzt geändert durch das Außenwirtschaftsgesetz vom 28. 4. 1961, BGBl. I S. 481.

[6]) SCHELBERGER, Das Verhältnis des Anzeigeverfahrens nach § 4 EnWG zu sonstigen Verfahrensbestimmungen über Bauvorhaben, EW 1957, 29.

[7]) BVerwG, RbE 1967, 77, 79; OVG Münster, RbE 1959, 2, 4 f.; OVG Lüneburg, DVBl. 1960, 449; ausführlich HENCKEL, Die Staatsaufsicht nach dem Energiewirtschaftsgesetz, VEnergR, Heft 25/26 (1970), S. 9 ff.; EISER-RIEDERER-HLAWATY, Energiewirtschaftsrecht, 3. Aufl. 1970, I S. 74 f.; FISCHERHOF, Energiewirtschaftsrecht und Atomenergie, in: von BRAUCHITSCH-ULE, Verwaltungsgesetze des Bundes und der Länder, Bd. VIII, Wirtschaftsverwaltungsrecht II, Abschn. VI, o. J., § 1 EnWG Anm. 1; JOACHIM, Zur Zuständigkeit der Energieaufsichtsbehörden der Länder für Entscheidungen nach dem Energiewirtschaftsgesetz vom 13. Dezember 1935, Recht und Steuern im Gas- und Wasserfach 1971, Nr. 1, 1 ff., offen gelassen von BÖRNER, Studien zum deutschen und europäischen Wirtschaftsrecht, Kölner Schriften zum Europarecht, Bd. 17, 1973, S. 437 ff.; ähnlich auch SCHELBERGER, a. a. O.

[8]) JOACHIM, a. a. O.

Die Vorbereitung und Fertigstellung der Planung überörtlicher Energieanlagen hängt wesentlich davon ab, unter welchen Gesichtspunkten die Wirtschaftsminister als Energieaufsichtsbehörden die eingereichten Pläne zu überprüfen haben.

Nach § 4 Abs. 2 Satz 2 EnWG kann die Behörde ein Vorhaben untersagen, wenn „Gründe des Gemeinwohls" dies erfordern. Dies gilt nach allgemeiner Auffassung auch für die Beanstandung nach Abs. 2 Satz 1[9]). Gleichzeitig räumt § 4 Abs. 2 EnWG der Energieaufsichtsbehörde beim Erlaß einer Beanstandungs- oder Untersagungsverfügung durch die Worte „kann beanstanden" und „kann untersagen" ein Ermessen ein. Sowohl für die Auslegung des unbestimmten Rechtsbegriffs „Gemeinwohl"[10]) als auch für die Ermessensausübung ist der Gesetzeszweck des Energiewirtschaftsgesetzes Ausgangspunkt und Grenze zugleich[11]). Der Präambel des Energiewirtschaftsgesetzes ist das Ziel zu entnehmen, „... im Interesse des Gemeinwohls die Energiearten wirtschaftlich einzusetzen, den notwendigen öffentlichen Einfluß in allen Angelegenheiten der Energieversorgung zu sichern, volkswirtschaftlich schädliche Auswirkungen des Wettbewerbs zu verhindern, einen zweckmäßigen Ausgleich durch Verbundwirtschaft zu fördern und durch all dies die Energieversorgung so sicher und billig wie möglich zu gestalten ..." Dieser Vorspruch ist als Auslegungshilfe für das gesamte Gesetz zu verwerten[12]).

Zur Erreichung dieser Ziele hat die Energieaufsichtsbehörde die Anzeige eines EVU daraufhin zu überprüfen, ob das geplante Bauvorhaben aus energiewirtschaftlicher Sicht unbedenklich ist: Das Bauvorhaben muß in Verbindung mit den anfallenden Kosten eine zweckmäßige Lösung der speziellen Versorgungsaufgabe erreichen[13]). Diese sog. Investitionskontrolle soll jedoch einzelne EVU nicht von der unternehmerischen Verantwortung entlasten; sie soll lediglich erreichen, daß Fehlinvestitionen vermieden werden, die schädliche Auswirkungen für die Allgemeinheit haben[14]).

In der Praxis berücksichtigen die Energieaufsichtsbehörden oft nicht nur diese im Energiewirtschaftsgesetz genannten Gesichtspunkte, sondern befassen sich auch mit Fragen, die außerhalb dieses energiewirtschaftlichen Problemkreises liegen: Sie berücksichtigen z. B. oft Vorhaben und Stellungnahmen der Straßenbauverwaltung, Bundesbahn, Landesverteidigung, Landwirtschaft und Gesichtspunkte der Raumordnung[15]). Bei der Planung überörtlicher Energieanlagen ist es für jedes EVU wichtig zu wissen, ob die Energieaufsichtsbehörden berechtigt sind, in dem Anzeigeverfahren nach § 4 EnWG auch andere als energiewirtschaftliche Gesichtspunkte zu berücksichtigen. Darauf ist unten noch einzugehen[16]).

---

[9]) Darge-Melchinger-Rumpf, Gesetz zur Förderung der Energiewirtschaft, 1936, § 4 EnWG Anm. 6 c; Ludwig-Cordt-Stech, Recht der Elektrizitäts-, Gas- und Wasserversorgung, 1972, § 4 EnWG Anm. 12. Nach herrschender Meinung handelt es sich nicht um ein Genehmigungsverfahren; diese Vorschrift gewährt der Behörde vielmehr nur ein Beanstandungs- und Untersagungsrecht, vgl. BVerwGE 7, 114, 123 f.; ausführlich Henckel, a. a. O., S. 80 m. w. N.

[10]) Vgl. BVerwGE 7, 114, 121; OVG Münster, RbE 1959, 2, 8.

[11]) Börner, a. a. O., S. 434 f.; Eckert, § 4 des Energiewirtschaftsgesetzes, 1966, S. 31.

[12]) Börner, a. a. O., S. 422; Pfundtner-Neubert, Das neue Reichsrecht, III. Wirtschaftsrecht, a) Industrie, 4. Energiewirtschaft, S. 11. Diese Präambel ist auch heute noch wirksam; vgl. Börner, a. a. O., m. w. N.

[13]) Schelberger, a. a. O.

[14]) Schelberger, a. a. O.

[15]) Wagner, Das Recht der Energieversorgungsleitungen als Anwendungsfall allgemeiner Rechtsgrundsätze des Verwaltungsrechts, JuS 1968, 197, 198; Schelberger, a. a. O.

[16]) 2. Kapitel, D I; 3. Kapitel, B.

2. Kapitel

2. Stufe: Genehmigungserfordernisse zur Wahrung öffentlicher Belange

Hat das Wirtschaftsministerium keinen Einspruch nach § 4 EnWG erhoben, so sind zahlreiche Genehmigungen von Bund, Ländern und Gemeinden einzuholen, mit deren Hilfe öffentliche Belange gesichert werden sollen[17]). Das Ergebnis wird in einem landesplanerischen Anhörungsverfahren festgehalten[18]).

A. Bundesrecht

I. Bundesfernstraßengesetz

Die geplante Energieleitung wird meist mit einer Bundesfernstraße in Berührung kommen: Sie kann entlang einer Bundesfernstraße geführt oder verlegt werden, diese kreuzen oder auch nur in den Anbauverbotsstreifen dieser Straße gelangen. Hierbei muß das planende EVU verschiedene Verfahrensbestimmungen des Bundesfernstraßengesetzes (FStrG)[19]) beachten[20]).

Geht der Gebrauch der Bundesfernstraßen über den Gemeingebrauch hinaus, liegt also eine Sondernutzung vor, so bedarf das EVU nach § 8 Abs. 1 Satz 1 FStrG der öffentlich-rechtlichen Erlaubnis der Straßenbaubehörde, in Ortsdurchfahrten der Erlaubnis der Gemeinde.

Wird der Gemeingebrauch nicht beeinträchtigt, so weist § 8 Abs. 10 FStrG die Sondernutzung dem bürgerlichen Recht zu. Darüber hinaus richten sich Sondernutzungen für Zwecke der öffentlichen Versorgung auch dann nach bürgerlichem Recht, wenn der Gemeingebrauch zwar beeinträchtigt wird, aber nur für kurze Dauer.

Versorgungsleitungen beeinträchtigen regelmäßig nicht den Gemeingebrauch, und zwar weder bei einer Kreuzung einer Bundesfernstraße noch bei einer Längsverlegung[21]). Verlegungs- und Unterhaltungsarbeiten können zwar den Gemeingebrauch beeinträchtigen, aber nur für kurze Dauer[22]). Daher ist immer nur die bürgerlichrechtliche Zustimmung des Straßeneigentümers nach § 8 Abs. 10 FStrG erforderlich[23]); eine öffentlich-rechtliche Genehmigung nach § 8 Abs. 1 FStrG ist für das EVU nicht erforderlich.

---

[17]) Unten A bis C.

[18]) Unten D II.

[19]) In der Fassung vom 6. 8. 1961, BGBl. I S. 1742, zuletzt geändert durch § 15 GemeindeverkehrsfinanzierungsG vom 18. 3. 1971, BGBl. I S. 239.

[20]) Zu den auftretenden Rechtsproblemen bei der Inanspruchnahme von öffentlichen Straßen durch Versorgungsleitungen vgl. JOACHIM, Rechtsprobleme bei der Inanspruchnahme von öffentlichen Straßen durch Energieversorgungsleitungen, GWF 1969, 364 ff.; derselbe, Zum Problem der Folgekosten für Ferngasleitungen, ET 1971, 394 ff.; derselbe, Nochmals: Folgekosten für Versorgungsleitungen, ET 1972, 154 f.

[21]) NIEDERLEITHINGER, Die Stellung der Versorgungswirtschaft im Gesetz gegen Wettbewerbsbeschränkungen, VEnergR 18/19 (1968), S. 70 m. N.; MARSCHALL, Bundesfernstraßennetz, 3. Aufl. 1971, § 8 FStrG Anm. 11 b; BVerwG, Urteil vom 29. 3. 1968, Az. IV C 100. 65, betreffend eine Wasserleitung. Etwas anderes gilt nur dann, wenn ausnahmsweise Masten auf dem Straßengrund errichtet werden, MARSCHALL, a. a. O.; JOACHIM, Die Kreuzung öffentlicher Straßen durch unterirdische Energieversorgungsleitungen, NJW 1968, 1453 ff., 1455.

[22]) Vgl. aber JOACHIM, a. a. O.

[23]) NIEDERLEITHINGER, a. a. O.; MARSCHALL, a. a. O.; vgl. auch MALZER, Das Wege-, Preis- und Kartellrecht in der Energieversorgung, 1966, S. 45 ff.

Wichtig ist noch die Zustimmung der obersten Landesstraßenbaubehörde nach § 9 Abs. 2 FStrG[24]). Sie wird aber nicht gegenüber dem EVU erklärt und braucht auch nicht von ihm beantragt zu werden. Es handelt sich vielmehr nur um einen verwaltungsinternen Mitwirkungsakt[25]). Zur Sicherstellung und Beschleunigung dieser Zustimmung wird sich das EVU aber auch mit dieser Behörde in Verbindung setzen.

II. Wasserhaushaltsgesetz

Eine Genehmigung nach § 19 a Abs. 2 Nr. 2 Wasserhaushaltsgesetz für Errichtung und Betrieb von Rohrleitungsanlagen zum Befördern wassergefährdender Stoffe[26]) ist nicht erforderlich, weil die Bundesregierung die erforderliche Rechtsverordnung zur Bestimmung der gasförmigen Stoffe noch nicht erlassen hat[27]).

III. Luftverkehrsgesetz

Nach § 15 Abs. 2 Satz 3 Luftverkehrsgesetz (LuftVG)[28]) bedarf das EVU zur Errichtung von Freileitungen und Masten im Bauschutzbereich eines Flugplatzes (§ 12 LuftVG) der Genehmigung der Luftfahrtsbehörde. Sie wird von den Ländern im Auftrag des Bundesverkehrsministeriums erteilt, §§ 15 Abs. 1 Satz 1, 12 Abs. 3, 13 LuftVG. Das Zustimmungserfordernis nach § 15 Abs. 2 Satz 2 LuftVG reicht nicht aus, weil eine Baugenehmigung für die gesamte Anlage regelmäßig nicht erforderlich ist[29]). Diese Genehmigung steht selbständig neben § 4 EnWG.

IV. Schutzbereichgesetz

Nach § 3 Abs. 1 Nr. 3 Schutzbereichgesetz[30]) bedarf derjenige einer Genehmigung, der innerhalb der Wehrbereichsverwaltung des Schutzbereichs militärischer Anlagen (§ 1 Schutzbereichgesetz) bauliche Anlagen oder andere Anlagen oder Vorrichtungen über oder unter der Erdoberfläche errichten will. Dazu sind auch die überörtlichen Energieanlagen zu rechnen: Die Hochspannungsleitungen mit den dazu gehörenden Masten sind bauliche Anlagen; die verkabelten Stromleitungen und die Gasrohrleitungen sind als „andere Anlagen oder Vorrichtungen" anzusehen.

Diese Genehmigung steht selbständig neben dem Anzeigeverfahren nach § 4 EnWG.

V. Gewerbeordnung

Nach § 16 Gewerbeordnung[31]) in Verbindung mit § 1 Nr. 29 und 46 Verordnung über genehmigungsbedürftige Anlagen nach § 16 der Gewerbeordnung[32]) bedarf die Er-

---

[24]) Darunter fallen: Die Errichtung von Masten, das Einlegen von Kabeln und Rohrleitungen; vgl. MARSCHALL, a. a. O., § 9 FStrG Anm. 3.

[25]) Grundlegend BVerwGE 16, 116, 120 ff.; bestätigt in BVerwGE 18, 333, 335; 21, 354, 355 ff.; HAUG, Behördliche Mitwirkungsakte im Verwaltungsprozeß — BVerwGE 16, 116, JuS 1965, 134 ff.; SCHUEGRAF, Der mehrstufige Verwaltungsakt, NJW 1966, 177 ff., 179.

[26]) Gesetz zur Ordnung des Wasserhaushalts (Wasserhaushaltsgesetz) vom 27. 7. 1957, BGBl I S. 1110, zuletzt geändert durch Art. 5 Kostenermächtigungs-Änderungsgesetz vom 23. 6. 1970, BGBl. I S. 805.

[27]) Zum Umfang dieser Ermächtigung vgl. SIEDER-ZEITLER, Wasserrecht, Bd. I, Wasserhaushaltsgesetz, 1970, § 19 a WHG Rz. 30 f.; GOSSRAU, Das neue Pipeline-Gesetz, BB 1964, 947, 948 f.

[28]) In der Fassung vom 4. 11. 1968, BGBl. I S. 1113.

[29]) Siehe unten B III.

[30]) Gesetz über die Beschränkung von Grundeigentum für die militärische Verteidigung (Schutzbereichgesetz) vom 7. 12. 1956, BGBl. I S. 899, zuletzt geändert durch Art. 56 Einführungsgesetz zum OrdnungswidrigkeitenG vom 24. 5. 1968, BGBl. I S. 503.

[31]) Gewerbeordnung für das Deutsche Reich (GewO) in der Fassung vom 26. 7. 1900, RGBl. S. 871, zuletzt geändert durch Art. 13 Kostenermächtigungs-ÄndG vom 23. 6. 1970, BGBl. I S. 805.

[32]) In der Fassung vom 7. 7. 1971, BGBl. I S. 888.

richtung der dort näher bezeichneten Trockendestillationsanlagen, Anlagen zur Gaserzeugung sowie Anlagen zum Speichern von brennbaren Gasen unter den dort genannten Voraussetzungen der Genehmigung des Gewerbeaufsichtsamtes. Sie ist gleichzeitig für den bautechnischen Teil die Bauerlaubnis nach § 35 Bundesbaugesetz[33]). Daher muß das Gewerbeaufsichtsamt das Einvernehmen der Gemeinde herbeiführen oder deren Einvernehmen durch die Kommunalaufsichtsbehörde ersetzen lassen. So hat eine Gemeinde, die z. B. mit dem Bau einer Kompressorstation nicht einverstanden ist, die Möglichkeit, den Bau um Jahre zu verzögern.

All das gilt aber nicht für das Rohrnetz zur Weiterleitung des Gases[34]).

VI. Atomgesetz

Nach § 7 des Gesetzes über die friedliche Verwendung der Kernenergie und den Schutz gegen ihre Gefahren vom 23. 12. 1959[35]) bedarf einer Genehmigung, wer eine ortsfeste Anlage zur Erzeugung oder zur Spaltung von Kernbrennstoffen oder zur Aufarbeitung bestrahlter Kernbrennstoffe errichtet, betreibt oder sonst innehat oder ihren Betrieb wesentlich verändert. Das Verfahren ist in der Verordnung über das Verfahren bei der Genehmigung von Anlagen nach § 7 des Atomgesetzes geregelt[36]).

Auf die Vorschriften des Atomgesetzes soll hier nicht näher eingegangen werden, weil die Frage, ob Verfahren nach dem Atomgesetz in das unten vorgeschlagene Planfeststellungsverfahren einbezogen werden sollen, noch nicht ausdiskutiert ist und für die folgenden Erörterungen ausgeklammert bleiben muß. Der unten vorgelegte Gesetzesentwurf[37]) bezieht deshalb das Atomgesetz nicht mit ein.

B. Landesrecht

I. Straßengesetze

Wenn die überörtlichen Energieanlagen entlang einer Landesstraße verlegt werden sollen oder diese kreuzen, müssen die EVU die Verfahrensbestimmungen der Landesstraßengesetze beachten. Soweit die Landesstraßengesetze den Gemeingebrauch und die Sondernutzung ebenso regeln wie das FStrG, kann auf die Ausführungen zum FStrG verwiesen werden: Eine öffentlichrechtliche Erlaubnis ist nicht erforderlich, die Benutzung der Landesstraßen ist vielmehr von der bürgerlichrechtlichen Zustimmung des Straßeneigentümers abhängig[38]). Demgegenüber braucht das EVU in Berlin für eine Sonder-

---

[33]) Bundesbaugesetz (BBauG) vom 23. 6. 1960, BGBl. I S. 341, zuletzt geändert durch Art. 30 Kostenermächtigungs-ÄnderungsG vom 23. 6. 1970, BGBl. I S. 805.

[34]) RGZ 63, 377; LANDMANN-ROHMER-EYERMANN-FRÖHLER, Gewerbeordnung, 12. Aufl., 1969, § 16 Rz. 106.

[35]) BGBl. I S. 814, mehrfach geändert.

[36]) In der Fassung der Bekanntmachung vom 29. 10. 1970, BGBl. I S. 1518.

[37]) 3. Teil, 2. Kapitel D.

[38]) So in folgenden Ländern:
In Baden-Württemberg nach § 23 Abs. 1 Straßengesetz für Baden-Württemberg i. d. F. vom 12. 5. 1970, GVBl. S. 157;
in Bayern nach Art. 22 Abs. 2 Bayerisches Straßen- und Wegegesetz (BayStrWG) i. d. F. der Bekanntmachung vom 25. 4. 1968, GVBl. S. 64;
in Hessen nach § 20 Abs. 1 Hessisches Straßengesetz vom 9. 10. 1962, GVBl. S. 437;
in Niedersachsen nach § 23 Abs. 1 Niedersächsisches Straßengesetz (NStrG) vom 14. 12. 1962, GVBl. S. 251;
in Nordrhein-Westfalen nach § 23 Abs. 1 Straßengesetz des Landes Nordrhein-Westfalen (Landesstraßengesetz-LStrG) vom 28. 11. 1961, GVBl. S. 305;
in Rheinland-Pfalz nach § 45 Abs. 1 Landesstraßengesetz für Rheinland-Pfalz (LStrG) vom 15. 2. 1963, GVBl. S. 57; geändert durch Gesetz vom 17. 12. 1963, GVBl. 1964, S. 6;
im Saarland nach § 22 Saarländisches Straßengesetz vom 17. 12. 1964, ABl. 1965, S. 117;
in Schleswig-Holstein nach § 23 Abs. 2 Straßen- und Wegegesetz des Landes Schleswig-Holstein vom 22. 6. 1962, GVBl. S. 237.

nutzung der öffentlichen Straßen neben der Zustimmung des Straßeneigentümers auch eine öffentlichrechtliche Erlaubnis, die im Wege der Straßenaufsicht erteilt wird[39]). Auch in Hamburg benötigt das EVU für eine Sondernutzung die Erlaubnis der Wegeaufsichtsbehörde[40]). Die Straßenordnung für die Stadt Bremen[41]) regelt nur die widerrufliche Gebrauchserlaubnis[42]), nicht aber die ausdrücklich vorbehaltene Verleihung von Nutzungsrechten, für die demnach die Grundsätze des deutschen Wegerechts maßgebend geblieben sind. Das bedeutet, daß hier die Zustimmung des Eigentümers und des Straßenunterhaltspflichtigen vorliegen müssen[43]).

II. Wassergesetze

Die Genehmigungs- und Anzeigepflichten nach den Landeswassergesetzen sind gemäß Art. 31 GG aufgehoben, soweit die §§ 19 a ff. WHG reichen[44]). Da die Rechtsverordnung des Bundes nach § 19 a Abs. 2 Nr. 1 WHG noch nicht erlassen ist, bleiben die entsprechenden Bestimmungen in den Landeswassergesetzen weiterhin anwendbar.

Die Errichtung oder Änderung von Anlagen in oder an Gewässern bedarf in mehreren Ländern der Genehmigung[45]). Darunter fallen z. B. alle Gasrohrleitungen, wenn sie ein Gewässer kreuzen.

Für das Befördern von wassergefährlichen Flüssigkeiten in Rohrleitungen, die über eine Gemeinde hinausführen, besteht eine Genehmigungspflicht in Baden-Württemberg nach § 25 Abs. 1 Wassergesetz für Baden-Württemberg[46]). Ferngas ist aber nicht als eine solche wassergefährdende Flüssigkeit anzusehen[47]).

In den anderen Ländern besteht teilweise hierfür nur eine Anzeigepflicht[48]). In Rheinland-Pfalz ist die öffentliche Energieversorgung ausdrücklich von der Anzeigepflicht befreit[49]).

---

[39]) §§ 11 Abs. 1, 10 Abs. 1 Berliner Straßengesetz i. d. F. vom 9. 6. 1964, GVBl. S. 693.

[40]) § 19 Abs. 1 Hamburgisches Wegegesetz vom 4. 4. 1961, GVBl. S. 117.

[41]) Straßenordnung für die Stadt Bremen vom 10. 5. 1960, GBl. S. 51; diese Straßenordnung gilt nur in der Stadt Bremen und zum Teil im Hafengebiet Bremerhavens (§ 24). Die fortgeltende Wegeordnung vom 28. 10. 1909, GBl. S. 317, enthält keine Bestimmungen über Sondernutzungen.

[42]) Vgl. §§ 2, 44.

[43]) Vgl. dazu NIEDERLEITHINGER, a. a. O., S. 69.

[44]) SIEDER-ZEITLER, a. a. O., § 19 a WHG Rz. 16.

[45]) In Hessen nach § 69 Abs. 1 Hessisches Wassergesetz vom 6. 7. 1960, GVBl. S. 69;
in Niedersachsen nach § 72 Abs. 1 Niedersächsisches Wassergesetz vom 7. 7. 1960, GVBl. S. 105, i. d. F. vom 6. 5. 1970, GVBl. S. 153;
in Nordrhein-Westfalen nach § 74 Abs. 1 Wassergesetz für das Land Nordrhein-Westfalen (LWG) vom 22. 5. 1962, GVBl. S. 335, berichtigt in GVBl. 1962, S. 539, zuletzt geändert durch Gesetz vom 16. 12. 1969, GVBl. 1970, S. 22;
in Schleswig-Holstein nach § 63 Abs. 1 Wassergesetz des Landes Schleswig-Holstein vom 25. 2. 1960, GVBl. S. 39, zuletzt geändert durch Gesetz vom 23. 7. 1970, GVBl. S. 173.

[46]) Vom 25. 2. 1960, GVBl. S. 17, zuletzt geändert durch Gesetz vom 6. 4. 1970, GVBl. S. 111.

[47]) So auch das Bundesgesundheitsministerium in einem Schreiben vom 17. 2. 1965, Az. III A 1-8341-0-3/65 an die Ruhrgas AG.

[48]) In Bayern nach Art. 37 Bayerisches Wassergesetz (BayWG) vom 26. 7. 1962, GVBl. S. 143, i. d. F. vom 7. 12. 1970, GVBl. 1971, S. 41;
in Berlin nach § 23 Abs. 1 Satz 1 Nr. 1 Berliner Wassergesetz vom 23. 2. 1960, GVBl. S. 133, zuletzt geändert durch Gesetz vom 6. 3. 1970, GVBl. S. 474;
in Nordrhein-Westfalen nach § 27 Abs. 1 LWG NW; hier entfällt aber diese Pflicht nach § 27 Abs. 2 i. V. m. § 74 Abs. 1 LWG NW.

[49]) § 24 Abs. 1 Landeswassergesetz vom 1. 8. 1960, GVBl. S. 153, zuletzt geändert durch Gesetz vom 5. 3. 1970, GVBl. S. 96.

III. Bauordnungen

Nach den fast wörtlich übereinstimmenden Vorschriften der Landesbauordnungen sind Errichtung und Abbruch baulicher Anlagen genehmigungspflichtig[50]). Zwar sind Rohrleitungen (mit Ausnahme von Azetylen-Gasleitungen) und Freileitungen keine baulichen Anlagen[51]); denn darunter versteht man mit dem Erdboden verbundene, aus Baustoffen und Bauteilen hergestellte Anlagen[52]). Sie bedürfen also keiner Genehmigung. Jedoch die Fundamente der Rohrleitungen und die aus Baustoffen und Bauteilen hergestellten Unterstützungen und Überbrückungen erfüllen möglicherweise jene Voraussetzung[53]). Auch Masten und sonstige Unterstützungen von Freileitungen sind bauliche Anlagen. Sie sind aber nicht genehmigungspflichtig, sondern regelmäßig nur anzeigepflichtig[54]). Genehmigungs- und anzeigefrei ist die Errichtung von Masten und Unterstützungen für die Versorgung mit elektrischer Energie bis zu 20 kV Nennspannung[55]), teilweise bis zu 30 kV Nennspannung[56]) und bis zu 35 kV Nennspannung[57]).

Anders ist in Hessen die Bauordnung formuliert[58]). Nach § 62 Abs. 1 Nr. 1 sind alle Baumaßnahmen genehmigungspflichtig; nach § 65 Abs. 2 Nr. 3 sind Energieanlagen genehmigungs- und anzeigefrei, soweit sich diese unter Erdgleiche befinden; im übrigen richten sich Anzeige- und Genehmigungspflicht nach dem umbauten Raum, §§ 63 Nr. 1, 65 Abs. 1 Nr. 3.

---

[50]) § 87 Abs. 1 Satz 1 Bauordnung für das Land Baden-Württemberg vom 6. 4. 1964, GBl. S. 151;
Art. 82 Bayerische Bauordnung i. d. F. vom 21. 8. 1969, GVBl. S. 263, zuletzt geändert durch Gesetz vom 31. 7. 1970, GVBl. S. 345;
§ 79 Abs. 1 Bauordnung für Berlin vom 29. 7. 1966, GVBl. S. 1175, zuletzt geändert durch Gesetz vom 17. 7. 1969, GVBl. S. 1030;
§ 80 Abs. 1 Bauordnung für das Land Nordrhein-Westfalen (BauO NW) vom 27. 1. 1970, GVBl. S. 96;
§ 72 Abs. 1 Satz 1 Landesbauordnung für Rheinland-Pfalz vom 15. 11. 1961, GVBl. S. 249, zuletzt geändert durch Gesetz vom 20. 11. 1969, GVBl. S. 179;
§ 87 Abs. 1 Satz 1 Bauordnung für das Saarland vom 21. 7. 1965, ABl. S. 529;
§ 84 Abs. 1 Satz 1 Bauordnung für das Land Schleswig-Holstein vom 9. 2. 1967, GVBl. S. 51, zuletzt geändert durch Gesetz vom 24. 5. 1968, ABl. S. 593.

[51]) TEGETHOFF, Die Bayerische Bauordnung, Neufassung 1969, dargestellt unter besonderer Berücksichtigung von Bauvorhaben der Energieversorgungsunternehmen, 1970, S. 14 f.

[52]) TEGETHOFF, a. a. O., S. 15.

[53]) Offengelassen in einem Schreiben des Siedlungsverbandes Ruhrkohlenbezirk an die Ruhrgas AG vom 25. 1. 1932, Az. B II 140 123/131; LADEWIG, Die Energieversorgungsunternehmen in der Raumordnung, 1970, S. 100.

[54]) § 88 Abs. 1 Nr. 2 BauO für das Land Baden-Württemberg;
Art. 83 Abs. 1 lit. j Bayerische BauO;
§ 80 Nr. 8 BauO für Berlin;
§ 80 Abs. 2 Nr. 8 BauO NW;
§ 73 Abs. 1 lit. h Landesbauordnung für Rheinland-Pfalz;
§ 88 Nr. 1 lit. e BauO für das Saarland;
§ 84 Abs. 1 Nr. 9 BauO für das Land Schleswig-Holstein.

[55]) § 89 Abs. 1 Nr. 19 BauO für das Land Baden-Württemberg;
Art. 84 Nr. 1 lit. s Bayerische BauO;
§ 81 Nr. 11 BauO für Berlin;
§ 74 Nr. 1 lit. i Landesbauordnung für Rheinland-Pfalz;
§ 89 Nr. 1 lit. d BauO für das Saarland.

[56]) § 81 Abs. 1 Nr. 12 BauO NW.

[57]) § 85 Nr. 12 BauO für das Land Schleswig-Holstein.

[58]) Hessische Bauordnung vom 6. 7. 1957, GVBl. S. 101, zuletzt geändert durch Gesetz vom 4. 7. 1966, GVBl. I S. 171.

Teilweise werden die öffentlichen Energieversorgungsanlagen von den verschiedenen Verfahrensvorschriften der Bauordnungen freigestellt, soweit sie einem gleichwertigen Verfahren nach anderen Rechtsvorschriften unterliegen[59]). Allerdings gelten diese Freistellungen nur bis zu einem bestimmten Volumen des umbauten Raumes, so daß die praktische Anwendbarkeit dieser Vorschriften äußerst begrenzt ist[60]). Soweit eine Genehmigungspflicht oder eine Anzeigepflicht besteht, müssen die öffentlichrechtlichen Bestimmungen eingehalten werden[61]).

IV. Naturschutzgesetze

Soweit die Länder keine eigenen Naturschutzgesetze erlassen haben, gilt das Reichsnaturschutzgesetz[62]) als Landesrecht des jeweiligen Landes fort[63]). Es dient nach seinem § 1 dem Schutz und der Pflege der Natur in allen ihren Erscheinungen. Der Bau von überörtlichen Energieanlagen, insbesondere von Hochspannungsleitungen, kann zu wesentlichen Veränderungen der freien Landschaft führen. Deshalb ist nach § 20 Reichsnaturschutzgesetz die zuständige Naturschutzbehörde bei der Durchführung des Genehmigungsverfahrens nach den Landesbauordnungen oder des Anzeigeverfahrens nach § 4 EnWG rechtzeitig zu beteiligen. Das gilt für sämtliche Länder. Zwar ist in Baden-Württemberg das Gesetz zur Ergänzung und Änderung des Reichsnaturschutzgesetzes[64]) ergangen, aber § 20 Reichsnaturschutzgesetz ist dadurch nicht aufgehoben worden.

V. Flurbereinigungsgesetze

Das Flurbereinigungsverfahren wird in den Ländern unterschiedlich gehandhabt. Zuweilen genügt es, einen Vertrag zwischen dem EVU und der Flurbereinigungsbehörde herbeizuführen. In Nordrhein-Westfalen ist jedes Gebiet, das sich im Flurbereinigungsverfahren befindet, für alle Leitungen gesperrt. Das führt zu Umleitungen und Zusatzkosten in Höhe von Millionen DM.

C. Vorschriften der Gemeinden (Bebauungspläne)

Bei der Planung ihrer überörtlichen Anlagen müssen die EVU die Bebauungspläne der Gemeinden berücksichtigen. Die Bebauungspläne werden nach § 10 BBauG als Satzung beschlossen und gelten als Bestandteil des örtlichen objektiven Baurechts[65]). Bauvorhaben

---

[59]) Vgl. z. B. Art. 104 Nr. 2 Bayerische BauO, § 98 Abs. 1 Nr. 3 BauO NW.

[60]) Dazu ausführlich TEGETHOFF, a. a. O., S. 50.

[61]) §§ 95 Abs. 1 Nr. 1, 96 Abs. 2 BauO für das Land Baden-Württemberg;
Art. 91 Abs. 1, 90 Abs. 2 Satz 1 Bayerische BauO;
§§ 88 Abs. 1 Satz 1, 89 Abs. 2 Satz 1 BauO für Berlin;
§§ 88 Abs. 1, 89 Abs. 2 BauO NW;
§§ 80 Abs. 1 Satz 1, 79 Abs. 2 BauO für Rheinland-Pfalz;
§§ 96 Abs. 1 Satz 1, 97 Abs. 2 Satz 1 BauO für das Saarland;
§§ 92 Abs. 1 Satz 1, 93 Abs. 2 Satz 1 BauO für das Land Schleswig-Holstein. Zur Bedeutung dieser Vorschriften für die EVU vgl. ausführlich LADEWIG, a. a. O., S. 100 ff.

[62]) Vom 26. 6. 1935, RGBl. S. 821.

[63]) BVerfGE 8, 186, 192 ff.; BVerfG, BGBl. 1959, I S. 23.

[64]) Vom 8. 6. 1959, GBl. S. 53, zuletzt geändert durch Gesetz vom 6. 4. 1970, GBl. S. 111.

[65]) H. J. WOLFF, Verwaltungsrecht I, 8. Aufl. 1971, § 38 III e 2; FRIAUF, Baurecht und Raumordnung, in: Besonderes Verwaltungsrecht, hrsg. von INGO v. MÜNCH, 2. Aufl. 1970, S. 365 ff., 388 f. FRIAUF weist darauf hin, daß § 10 BBauG den Bebauungsplan deshalb als Satzung qualifiziert hat, um ihn der verwaltungsgerichtlichen Anfechtungsklage zu entziehen. Für die Natur des Bebauungsplanes als Satzung aber schon das Preußische OVG, PrOVGE 25, 387 ff., 390; so auch FRIAUF, a. a. O., und das Bundesverwaltungsgericht, BVerwGE 26, 282 ff., 283 f. Weitere Nachweise bei FRIAUF, a. a. O., Anm. 97.

sind nur zulässig, wenn sie ihnen nicht widersprechen oder im Einzelfall Ausnahmen oder Befreiungen (Dispense) zugelassen worden sind, §§ 29—39 BBauG. Welche Bedeutung das für die Verwirklichung eines Leitungsbauprojektes hat, ergibt sich daraus, daß z. B. beim Bau einer Leitung von Nord- nach Süddeutschland 250 Gemeinden zustimmen mußten.

Soweit die Bebauungspläne gemäß § 9 Abs. 1 Nr. 6 und Nr. 11 BBauG die notwendigen Flächen für die Energieversorgung bestimmen und die EVU hiermit einverstanden sind, ergeben sich für die EVU keine Schwierigkeiten; vgl. § 30 BBauG.

Anders kann es aber sein, wenn entweder ein Bebauungsplan noch nicht aufgestellt ist oder in einem Bebauungsplan die Feststellung des § 9 Abs. 1 Nr. 6 und 11 BBauG fehlt oder die EVU infolge der wirtschaftlichen Entwicklung mit einer solchen Festlegung nicht mehr einverstanden sein können. Dann greifen die §§ 31—38 BBauG ein:

Fehlt ein Bebauungsplan und hat die Gemeinde auch noch nicht beschlossen, ihn aufzustellen, oder ist er nicht erforderlich, so entscheidet über das Vorhaben die Baugenehmigungsbehörde im Einvernehmen mit der Gemeinde und mit Zustimmung der höheren Verwaltungsbehörde, §§ 34, 36 Abs. 1 BBauG; dasselbe gilt, wenn ein Bebauungsplan noch fehlt, die Gemeinde aber bereits beschlossen hat, einen solchen aufzustellen, §§ 33, 36 Abs. 1 BBauG. Für den Außenbereich der Gemeinde gilt das gleiche, §§ 35, 36 Abs. 1 BBauG.

Steht die geplante Energieanlage im Widerspruch mit einem bestehenden Bebauungsplan, so entscheidet über das Vorhaben ebenfalls die Baugenehmigungsbehörde im Einvernehmen mit der Gemeinde, § 31 BBauG. Das Einvernehmen mit der Gemeinde ist nicht ein Verwaltungsakt gegenüber den EVU, sondern ein Erfordernis des internen Verfahrens ohne unmittelbare Rechtsfolgen für Dritte. Verwaltungsakt ist allein der Bescheid der Baugenehmigungsbehörde[66]. Ohne das Einvernehmen der Gemeinde darf die Baugenehmigungsbehörde aber dem EVU keine Ausnahmegenehmigung erteilen; die in den §§ 37, 38 BBauG genannten Ausnahmen betreffen nicht die Energieversorgung. Das EVU ist also gezwungen, jede einzelne der Gemeindeschar, deren Gebiet von der überörtlichen Energieanlage berührt wird, von der Notwendigkeit und dem Nutzen der Anlage zu überzeugen, um das Einvernehmen zu erreichen. Gelingt das nicht, so bleibt nur noch die Möglichkeit einer verwaltungsrechtlichen Klage gegen die Baugenehmigungsbehörde, um auf diese Weise das Einvernehmen der Gemeinde zu erzwingen, oder der Versuch, mit den Mitteln der Kommunalaufsicht ein anderes Ergebnis zu erreichen[67].

D. Raumordnung und Landesplanung

I. Bundesrecht

a) Fragestellung

Nach § 4 Abs. 5 Raumordnungsgesetz (ROG) vom 8. 4. 1965[68] haben die Behörden des Bundes und der Länder, die Gemeinden und Gemeindeverbände, die öffentlichen Planungsträger und die Körperschaften, Anstalten und Stiftungen des öffentlichen Rechts sich bei ihren Planungen und Maßnahmen aufeinander und untereinander abzustimmen. Nach

---

[66]) BVerwGE 22, 342, 344 ff.; BVerwG, NJW 1968, 905 f.; WOLFF, a.a.O., § 46 V b 2; ERNST-ZINKAHN-BIELENBERG, Bundesbaugesetz, 1969, § 14 Rz. 53 f., § 31 Rz. 77.

[67]) Zur Kommunalaufsicht vgl. etwa §§ 106 ff. der Gemeindeordnung NRW in der Fassung vom 11. 8. 1969, GV NW S. 656/SGV NW 2020.

[68]) BGBl. I S. 306.

10

§ 5 Abs. 4 ROG haben die genannten Stellen die Ziele der Raumordnung und Landesplanung bei allen Planungen und sonstigen Maßnahmen, durch die Grund und Boden in Anspruch genommen oder die räumliche Entwicklung beeinflußt wird, zu beachten. Nach § 7 Abs. 1 ROG kann die zuständige Landesbehörde raumbedeutsame Planungen und Maßnahmen dieser Stellen für eine bestimmte Zeit untersagen, wenn zu befürchten ist, daß die Durchführung der Ziele der Raumordnung und Landesplanung unmöglich gemacht oder wesentlich erschwert wird.

Diese Vorschrift könnte einmal die EVU selbst unmittelbar an die Ziele der Raumordnung und Landesplanung binden; zum anderen könnten auch die Energieaufsichtsbehörden gehalten sein, bei ihrer Entscheidung nach § 4 EnWG diese Ziele zu berücksichtigen. Eine Bindung an die Ziele würde aber noch nicht zu einer Bindung an die — von den Zielen zu unterscheidenden — Grundsätze der Raumordnung führen, die in § 2 Abs. 1 ROG aufgezählt sind. Sie gehören nicht unmittelbar zu den „Zielen der Raumordnung und Landesplanung" der §§ 5 Abs. 4, 7 Abs. 1 ROG. Die Grundsätze gelten nach § 3 Abs. 1 ROG unmittelbar nur für die Behörden des Bundes und die bundesunmittelbaren Körperschaften, Anstalten und Stiftungen des öffentlichen Rechts und nach § 3 Abs. 2 ROG unmittelbar nur für die Landesplanung. Nach außen wirken sie erst, wenn sie über die Konkretisierung der Landesplanung in die Rechtsordnung des Landes aufgenommen sind[69]. Was Ziele der Raumordnung und Landesplanung sind, hat also nicht der Bund, sondern haben erst die einzelnen Länder festzustellen[70]. Die EVU und die Energieaufsichtsbehörden gehören weder zu der in § 3 Abs. 1 ROG aufgeführten Verwaltungsorganisation des Bundes noch zur Landesplanung des § 3 Abs. 2 ROG. Rechtsfolge einer Bindung an die Ziele durch die §§ 4 Abs. 5, 5 Abs. 4 und 7 Abs. 1 ROG könnte also allenfalls sein, die von den einzelnen Bundesländern verbindlich festgestellten „Ziele der Raumordnung und Landesplanung" zu berücksichtigen. Aber selbst das ist problematisch.

b) EVU als Adressaten

Die EVU wären unmittelbar durch die §§ 4 Abs. 5, 5 Abs. 4 ROG bei der Planung ihrer überörtlichen Anlagen an die Ziele der Raumordnung und Landesplanung gebunden, wenn sie zu den öffentlichen Planungsträgern gehörten.

Nach § 2 Abs. 2 EnWG sind EVU ohne Rücksicht auf Rechtsformen und Eigentumsverhältnisse alle Unternehmen und Betriebe, die andere mit elektrischer Energie oder Gas versorgen oder Betriebe dieser Art verwalten. In der Mehrzahl der Fälle sind die EVU bürgerlichrechtliche Gesellschaften des BGB oder des Handelsrechts oder kommunale Eigen- oder Regiebetriebe[71]. Das ROG definiert nicht den Begriff des öffentlichen Planungsträgers. Auch außerhalb des ROG gibt es keine allgemein anerkannte Bedeutung, auf die man zurückgreifen könnte[72]. Da eine Wortinterpretation den Begriff nicht zu klären vermag, muß man durch eine systematische und teleologische Interpretation Inhalt und Grenzen dieses Begriffs bestimmen.

---

[69] CHOLEWA-V. D. HEIDE, in: Brügelmann-Asmuß-Cholewa-v. d. Heide, Raumordnungsgesetz, 1970, Vor §§ 2, 3 Anm. III 1 b.

[70] ASMUSS, in: Brügelmann u. a., a. a. O., § 5 Anm. V 2 a, b.

[71] FISCHERHOF, a. a. O., § 2 EnWG Anm. III; EISER-RIEDERER-HLAWATY, I S. 82 ff. — Soweit ein EVU in der Rechtsform eines Zweckverbandes betrieben wird, handelt es sich, z. B. in Nordrhein-Westfalen, um einen Gemeindeverband (§ 5 Abs. 2 Gesetz über die kommunale Gemeinschaftsarbeit [NRW] vom 26. 4. 1961, GVBl. S. 190, zuletzt geändert durch Gesetz vom 16. 7. 1969, GVBl. S. 514), so daß ein solches EVU von § 4 Abs. 5 ROG erfaßt wird. Diese aber mehr theoretische Möglichkeit darf hier außer Betracht bleiben.

[72] Dies gilt auch für den „öffentlichen Planungsträger" in den §§ 4 Abs. 1 Satz 1, 7 Satz 1 BBauG; vgl. dazu ERNST-ZINKAHN-BIELENBERG, a. a. O., Rz. 6 m. w. N.

Wer von den in § 2 ROG aufgestellten Grundsätzen erfaßt wird, das regelt § 3 ROG. Wie diese Grundsätze verwirklicht werden sollen, sagt § 4 ROG. Nach § 3 Abs. 1 ROG gelten § 2 Abs. 1 und Abs. 2 ROG sowie die aufgrund des § 2 Abs. 3 ROG aufgestellten Grundsätze im wesentlichen nur für Behörden und Körperschaften, Anstalten und Stiftungen des öffentlichen Rechts; nach § 3 Abs. 2 ROG gelten die Grundsätze des § 2 ROG „unmittelbar für die Landesplanung in den Ländern"; die Bindung an diese Grundsätze ist also auf Stellen beschränkt, die öffentliche Verwaltungsaufgaben wahrnehmen[73]. Das bestätigt § 3 Abs. 3 ROG, wonach die Grundsätze von § 2 Abs. 1 und 3 ROG dem einzelnen gegenüber keine Rechtswirkung entfalten. „Einzelner" ist hier, wer sich bei einer gesetzlichen Indienstnahme für die Raumordnung auf die Grundrechte berufen kann[74]. Dazu zählen nicht die Körperschaften des öffentlichen Rechts. Selbst wenn man ihnen entgegen der herrschenden Meinung[75] einen Grundrechtsschutz zuerkennen würde[76], so würde das hier doch ausscheiden; denn das ROG betrifft Behörden und Körperschaften, Anstalten und Stiftungen des öffentlichen Rechts nicht in ihrem Status, geschweige denn in irgendwelchen grundrechtsgesicherten Positionen, sondern bindet sie nur hinsichtlich ihrer bestimmungsmäßigen öffentlichen Aufgabenerfüllung. Das macht § 3 Abs. 1 und 2 ROG deutlich[77]. So wurde auch in der Diskussion um das ROG immer wieder betont, daß das Gesetz eine Koordination im Bereich der öffentlichen Hand, also im Bereich von Bund, Ländern und Gemeinden, anstrebt[78]. Das ROG ist in erster Linie ein Verfahrensgesetz für die öffentliche Hand[79]. Die systematische Betrachtung der §§ 3 und 4 ROG ergibt somit: Das ROG wendet sich an die Stellen, die Träger von Verwaltungsaufgaben sind. Im Gegensatz hierzu steht der einzelne, dessen grundrechtlich geschützter Individualbereich gegenüber der Raumordnungspolitik abgesichert ist[80]. Daraus ergibt sich, daß § 4 Abs. 5 ROG nur solche Stellen erfassen kann, die Verwaltungsfunktionen ausüben und denen gegenüber die Raumordnungspolitik ohne Rücksicht auf einen Grundrechtsschutz durchgesetzt werden kann[81].

Das wird bestätigt von der Durchsetzungsmöglichkeit raumordnungspolitischer Grundsätze: Abgesehen von vorläufigen Sicherheitsmaßnahmen nach § 7 Abs. 1 ROG sind keine Durchsetzungsmöglichkeiten genannt. Es wird lediglich eine Pflicht zur Abstimmung (§ 4 Abs. 5 ROG) und zur Beachtung (§ 5 Abs. 4 ROG) normiert, ohne Hinweis darauf, wie das geschehen solle. Damit setzt das ROG stillschweigend eine Möglichkeit zur zwangsweisen Durchsetzung voraus. Diese Möglichkeit kann nur in der organisationsrechtlichen Staatsaufsicht liegen[82], also dort, wo der Staat oder ein staatliches Organ die

---

[73]) ZINKAHN-BIELENBERG, Raumordnungsgesetz des Bundes, 1965, § 3 Rz. 9; BRENKEN-SCHEFER, Handbuch der Raumordnung und Planung, 1966, S. 183; v. D. HEIDE, Das Zusammenwirken der Planungs- und Verwaltungsträger in den verschiedenen Planungsebenen nach dem Bundesraumordnungsgesetz, DÖV 1966, 177, 180.

[74]) LADEWIG, a. a. O., S. 15.

[75]) DÜRIG, in: Maunz-Dürig-Herzog, Grundgesetz, 1969, Art. 19 Abs. 3 GG Rz. 29 ff. m. w. N.

[76]) STERN-PÜTTNER, Die Gemeindewirtschaft — Recht und Realität, 1965, S. 136 f.; PÜTTNER, Die öffentlichen Unternehmen, 1969, S. 148 f. m. w. N.

[77]) WEBER, Rechtsgutachten über Fragen der Verfassungsmäßigkeit des Regierungsentwurfs eines Raumordnungsgesetzes, 1963, S. 26.

[78]) NOUVORTNE, Raumordnung aus der Sicht der Länder, in: Die Raumordnung drängt, hrsg. von der Landesgruppe NRW der Deutschen Akademie für Städtebau und Landesplanung, 1964, S. 55, 56 f.

[79]) BRENKEN-SCHEFER, a. a. O., S. 182.

[80]) LADEWIG, a. a. O., S. 16.

[81]) CHOLEWA, in: Brügelmann u. a., a. a. O., vor § 1 ROG Anm. I 1 d; LADEWIG, a. a. O.

[82]) LADEWIG, a. a. O., S. 17.

Aufsicht über ein nachgeordnetes Glied, Organ oder Amt der staatlichen Organisation führt[83]).

Daraus ergibt sich für die EVU: Die in den Gesellschaftsformen des Privatrechts organisierten EVU können nicht zu den „öffentlichen Planungsträgern" gehören. Sie üben keine Verwaltungsfunktion aus; bei der Versorgungswirtschaft handelt es sich auch bei Beteiligungen der öffentlichen Hand um private Wirtschaftstätigkeit und nicht um öffentliche Verwaltung[84]). Es fehlt das für den „öffentlichen Planungsträger" der §§ 4 Abs. 5, 5 Abs. 4 ROG erforderliche Element der staatlichen Organisation zur Durchsetzung der Ziele. Die Staatsaufsicht nach dem Energiewirtschaftsgesetz[85]) reicht hierfür nicht aus[86]). Vielmehr können sich die EVU gegenüber Anordnungen zur Durchsetzung der staatlichen Raumordnungspolitik auf den Grundrechtsschutz berufen und sind damit „einzelne" im Sinne des § 3 Abs. 3 ROG.

Das gleiche gilt, wenn ein EVU Regiebetrieb oder Eigenbetrieb ist.

Der Regiebetrieb ist ein unselbständiger, nicht aus der Verwaltung ausgegliederter Teil des allgemeinen kommunalen Verwaltungs- und Finanzapparates. Seine Erfolgsermittlung geschieht in den Formen der Kameralistik, und seine Rechnungsführung bildet einen Teil der Haushaltsrechnung der Gemeinde[87]). Die Planungen der Regiebetriebe werden nicht von ihnen selbst, sondern von den Gemeinden getragen. Es fehlt also die für die Annahme eines öffentlichen Planungsträgers erforderliche Selbständigkeit und Verantwortlichkeit. Deshalb sind auch die Gemeinden, nicht aber die Regiebetriebe der Gemeinden der Abstimmungspflicht des § 4 Abs. 5 ROG und der Beachtungspflicht des § 5 Abs. 4 ROG unterworfen. Die Regiebetriebe sind damit keine öffentlichen Planungsträger[88]).

Der Eigenbetrieb besitzt im Gegensatz zum Regiebetrieb[89]) zwar teilweise eine finanzielle und organisatorische Selbständigkeit gegenüber der Gemeinde[90]). Aber er hat keine eigene Rechtspersönlichkeit (§ 1 Eigenbetriebsverordnung NW), und die Grundsatzentscheidungen sind dem Gemeinderat vorbehalten, wie z. B. Erlaß der Betriebssatzung, Festsetzung der Tarife und Wirtschaftspläne, Jahresabschluß, Gewinnverteilung und Kapitalausstattung[91]). Bei einer derartigen Abhängigkeit von der Gemeinde, die schon selbst Adressat des ROG ist, kann man nicht auch noch die Eigenbetriebe selbst an die Pflichten des ROG binden: Es fehlt die Selbständigkeit, die für einen Planungsträger wesentlich ist[92]).

---

[83]) H. J. WOLFF, Verwaltungsrecht II, 3. Aufl. 1970, § 77 II.

[84]) BÖRNER, a. a. O., S. 267 ff.; MAUNZ, Grundlagen des Energiewirtschaftsrechts, Verwaltungsarchiv 50 (1959), S. 315, 319; EMMERICH, Die Fiskalgeltung der Grundrechte, namentlich bei erwerbswirtschaftlicher Betätigung der öffentlichen Hand, JuS 1970, 332 ff.; ders., Die kommunalen Versorgungsunternehmen zwischen Wirtschaft und Verwaltung, 1970, S. 29 ff. m. w. N.

[85]) Dazu ausführlich HENCKEL, a. a. O., S. 9 ff.

[86]) LADEWIG, a. a. O., S. 17.

[87]) ZEISS, Kommunales Wirtschaftsrecht und Wirtschaftspolitik, in: Handbuch der kommunalen Wissenschaft und Praxis, hrsg. von Hans Peters, Bd. III, 1959, S. 611, 640 f.

[88]) LADEWIG, a. a. O., S. 32.

[89]) Der Eigenbetrieb ist gesetzlich geregelt in der Eigenbetriebsverordnung vom 21. 11. 1938 (RGBl. I S. 56) und in den entsprechenden Eigenbetriebsverordnungen der Länder, z. B. Eigenbetriebsverordnung für das Land Nordrhein-Westfalen vom 22. 12. 1953 (GS NW S. 181), dazu ZEISS, Das Eigenbetriebsrecht der gemeindlichen Betriebe, 2. Aufl. 1956, S. 31 ff.

[90]) Vgl. z. B. § 2 Abs. 1 und § 17 Eigenbetriebsverordnung NW.

[91]) STERN-PÜTTNER, a. a. O., S. 103 f.

[92]) LADEWIG, a. a. O., S. 32 f.

Die EVU sind mithin nicht öffentliche Planungsträger im Sinne des § 4 Abs. 5 ROG und damit nicht an die Ziele der Raumordnung gebunden. Eine mittelbare Bindung ist nur über den Einfluß von Gebietskörperschaften möglich.

c) Energieaufsichtsbehörden als Adressaten

Es bleibt zu prüfen, ob und wieweit die Energieaufsichtsbehörden als Verwaltungsbehörden der Länder bei ihren Entscheidungen nach § 4 EnWG durch die §§ 4 Abs. 5, 5 Abs. 4 ROG an die Ziele der Raumordnung und Landesplanung gebunden sind.

Die Energieaufsichtsbehörden legen teilweise das Energiewirtschaftsgesetz dahin aus, bei ihren Entscheidungen auch Gesichtspunkte der Raumordnung und Landesplanung zur Geltung bringen zu können. So werden im Verfahren nach § 4 EnWG unter den Gründen des Gemeinwohls auch solche Gründe verstanden, die im Bereich der Raumordnung und Landesplanung liegen: Es werden in das Verfahren nach § 4 EnWG die landesplanerischen Stellungnahmen zu dem Bauvorhaben der Energiewirtschaft eingefügt[93]). Dies würde bedeuten, daß die EVU bei ihrer Planung auch Gesichtspunkte der Raumordnung und Landesplanung berücksichtigen müssen, um die Unbedenklichkeitsbescheinigung zu erhalten.

Aus dem Energiewirtschaftsgesetz selbst ergibt sich kein ausdrücklicher Hinweis für ein Recht der Energieaufsichtsbehörden, derartige Gesichtspunkte zu berücksichtigen. Allerdings geht aus der amtlichen Begründung zum Energiewirtschaftsgesetz[94]) hervor, daß der Gesetzgeber sich durchaus mit diesen Fragen befaßt hat. Nach der amtlichen Begründung[95]) sollen mit dem Energiewirtschaftsgesetz die Erfordernisse der industriellen Standortpolitik und der Siedlung stärker als bisher nach übergeordneten Gesichtspunkten berücksichtigt werden[96]). Zur Zeit des Erlasses des Energiewirtschaftsgesetzes wies das damalige Deutsche Reich in der Gas- und Elektrizitätsversorgung unterschiedliche Versorgungsstrukturen auf; zwischen den einzelnen Landesteilen bestanden erhebliche Unterschiede[97]). Somit bedeutet der in der Präambel zum Ausdruck kommende Gesetzeszweck einer sicheren und billigen Versorgung auch einen Hinweis auf diese weniger erschlossenen Landesteile. Sicher und billig soll die Versorgung auch in den Gebieten sein, in denen sie es bisher nicht war. Deshalb umfaßt das Ziel einer sicheren und billigen Versorgung auch gewisse raumpolitische Faktoren[98]). Allerdings sind diese Faktoren eingebettet in den Maßstab der sicheren und billigen Versorgung, sie haben eine untergeordnete und helfende

---

[93]) So z. B. die Verwaltungspraxis in NRW. Vgl. dazu Schelberger, a. a. O., S. 30 ff.; Scheuten, Planung und Sicherung von Leitungswegen, ET 1964, 269 f.; Halstenberg, Raumordnung, Regionalplanung und Elektrizitätsversorgung, EW 1966, 679, 680; Ley, Energiewirtschaft als Instrument und Problem der Landesplanung, in: Energiewirtschaft und Raumordnung, Forschungs- und Sitzungsberichte der Akademie für Raumforschung und Landesplanung, Bd. XXXVIII, 1967, S. 31, 40 f.; v. Kries, Gesichtspunkte der Raumordnung und Landesplanung zur Führung und Gestaltung von Freileitungen, ET 1966, S. 13, 16 ff.; Joachim, Diskussionsbemerkung, in: Energiewirtschaft und Raumordnung, a. a. O., S. 57, 58.

[94]) Reichsanzeiger vom 20. 12. 1935, Nr. 297, abgedruckt bei Eiser-Riederer-Hlawaty, I S. 11 ff.

[95]) A. a. O., S. 11 f.

[96]) Vgl. dazu Schuler, Regionale Elektrizitätswirtschaft und Raumordnung, Raumforschung und Raumordnung 1962, Sonderdruck, S. 4, 7 ff.

[97]) Vgl. Treibert, Die öffentliche Elektrizitätsversorgung in Deutschland während der letzten Jahrzehnte — unter besonderer Berücksichtigung des kommunalen Anteils, Kommunalwirtschaft 1962, 198, 201 ff.

[98]) Ladewig, a. a. O., S. 39.

Funktion[99]). Nur soweit es die sichere und billige Versorgung zuläßt, können diese Faktoren also von der Energieaufsichtsbehörde berücksichtigt werden[100]). Oberstes Ziel bleibt die sichere und billige Versorgung; denn in der Präambel heißt es, „durch all dies" ist die Energieversorgung so sicher und billig wie möglich zu gestalten.

Wenn deshalb die Energieaufsichtsbehörde ein energiewirtschaftlich notwendiges Bauvorhaben aus Gründen der Raumordnung oder Landesplanung nach § 4 EnWG nicht freigeben will[101]), so bewertet sie die Raumordnung und Landesplanung höher als den Grundsatz der sicheren und billigen Energieversorgung. Wie Börner zu recht festgestellt hat, entspricht eine solche Bewertung nicht dem Gesetz[102]). Richtlinie und Grenze für die Auslegung des unbestimmten Rechtsbegriffs „Gründe des Gemeinwohls" und für die Ermessensentscheidung in § 4 Abs. 2 EnWG ist allein der Gesetzeszweck, und dieser beinhaltet ausschließlich die sichere und billige Versorgung[103]).

Es ist deshalb zu prüfen, ob sich aus dem ROG für die Energieaufsichtsbehörde eine solche erweiterte Kompetenz ergibt und ob ein solches Recht mit dem Energiewirtschaftsgesetz vereinbar ist.

Die Pflicht der Landesbehörden zur gegenseitigen Abstimmung (§ 4 Abs. 5 ROG) und zur Beachtung der Ziele (§ 5 Abs. 4 ROG) bezieht sich auf alle Planungen und sonstigen Maßnahmen, die Grund und Boden in Anspruch nehmen oder die räumliche Entwicklung eines Gebietes beeinflussen. Zu den Zielen im Sinne von § 5 Abs. 4 der Raumordnung und Landesplanung gehören nicht unmittelbar die in § 2 Abs. 1 ROG aufgeführten Grundsätze der Raumordnung. Diese Grundsätze gelten nach § 3 Abs. 2 ROG unmittelbar nur für die Landesplanung in den Ländern; eine Wirksamkeit nach außen tritt erst ein, wenn die Landesplanung sie in die Rechtsordnung des Landes aufnimmt[104]). Wie die Länder dies im einzelnen auch gestalten, entscheidend für die Frage einer möglichen Einflußnahme des ROG auf das Verfahren nach § 4 EnWG sind die in § 2 Abs. 1 ROG aufgeführten Grundsätze, die von den Ländern zu übernehmen sind.

Nach § 2 Abs. 1 Nr. 1 ROG sind gesunde Raumstrukturen zu sichern und weiter zu entwickeln; ungesunde Raumstrukturen sollen verbessert werden. Anschließend heißt es:

„Die verkehrs- und versorgungsmäßige Aufschließung, die Bedienung mit Verkehrs- und Versorgungsleitungen und die angestrebte Entwicklung sind miteinander in Einklang zu bringen."

Dieser oberste Grundsatz wird weiter konkretisiert. Nach Nr. 3 sollen in zurückgebliebenen Gebieten die allgemeinen wirtschaftlichen und sozialen Verhältnisse sowie die kulturellen Einrichtungen verbessert werden, insbesondere die Verkehrs- und Versorgungseinrichtungen. Das gleiche gilt nach Nr. 5 auch für ländliche Gebiete. Nach Nr. 4 ist die Leistungskraft der Zonenrandgebiete zu stärken; hierfür sind vordringlich u. a. Verkehrs- und Versorgungseinrichtungen zu schaffen. Nr. 6 behandelt die Verdichtungsräume und räumt auch den der Versorgung der Bevölkerung dienenden Einrichtungen eine wichtige Bedeutung ein.

---

[99]) LADEWIG, a. a. O., S. 39 f.

[100]) LADEWIG, a. a. O.

[101]) Vgl. das Beispiel bei v. KRIES, a. a. O., S. 23, Bild 5.

[102]) A. a. O., S. 434.

[103]) BÖRNER, a. a. O.

[104]) CHOLEWA-V. D. HEIDE, a. a. O., Vor §§ 2, 3 Anm. III 1 b; NIEMEIER, Landesplanungsrecht und energierechtliche Probleme, Vortrag gehalten auf dem 33. Kolloquium des Instituts für Energierecht, unveröffentlichtes Manuskript, S. 10 ff.

Zuerst wird in jedem Grundsatz das raumpolitische Ziel herausgestellt. Bei den Hinweisen zur Verwirklichung wird betont, daß u. a. die Versorgungseinrichtungen verbessert oder vordringlich geschaffen werden sollen. Die Versorgungseinrichtungen werden jeweils neben anderen genannt und dienen ausschließlich der Erreichung der raumpolitischen Ziele. Aus der systematischen Gliederung und aus der Zwecksetzung ergibt sich hier also eine dienende Rolle der Versorgungswirtschaft[105]). Das führt zu der Frage, ob diese Zielrichtung des ROG auch die Entscheidung nach § 4 EnWG vorrangig auf raumordnungspolitische Gesichtspunkte ausrichtet.

Die Versorgung kann, was ihre Sicherheit angeht, durch die Grundsätze der Raumordnung nicht in Frage gestellt werden, ein Gegensatz ist insoweit nicht möglich[106]). Anders bei der Billigkeit der Versorgung: „Empfiehlt" etwa die Energieaufsichtsbehörde dem EVU aus raumordnungspolitischen Gründen, statt der angezeigten Trasse für die Gas- oder Stromleitung einen anderen Weg zu wählen, um vielleicht auf diese Weise ein Fördergebiet der Raumplanung zu erschließen, so kann dies mindestens für einen gewissen Zeitraum für die Energieversorgung unwirtschaftliche Folgen haben mit der Folge einer Erhöhung der Energiepreise[107]). Eine solche Berücksichtigung von raumordnungspolitischen Grundsätzen im Verfahren nach § 4 Abs. 2 EnWG ist rechtswidrig: Weder zählt die Raumordnung zum Begriff Gemeinwohl noch darf dieser Faktor bei der Ermessensentscheidung berücksichtigt werden[108]). Grenze für die Bestimmung des unbestimmten Rechtsbegriffs und des Ermessens ist allein der Gesetzeszweck[109]). Dieser liegt neben der Sicherheit ausschließlich in der Billigkeit der Versorgung. An diese Entscheidung ist die Exekutive gebunden. Andere als diese beiden Ziele darf sie bei ihrem Freigabebescheid nicht berücksichtigen, anderenfalls ist ihr Verhalten rechtswidrig[110]).

Eine Berücksichtigung von Grundsätzen der Raumordnung und Landesplanung würde dazu führen, daß § 4 Abs. 2 EnWG verfassungswidrig wäre. Das muß man nach den Grundsätzen einer verfassungskonformen Auslegung vermeiden[111]). Das Prinzip der Gewaltenteilung (Art. 20 Abs. 2 und 3 GG), der Grundsatz der Gesetzmäßigkeit der Verwaltung (Art. 20 Abs. 3 GG) und die rechtsstaatliche Forderung nach möglichst lückenlosem gerichtlichen Schutz vor Eingriffen der öffentlichen Gewalt (Art. 19 Abs. 4 GG) verlangen, daß die Rechtssätze, aus denen die Exekutive ihre Berechtigung zum Handeln herleitet, inhaltlich hinreichend bestimmt sind[112]). Um den unbestimmten Rechtsbegriff „Gemeinwohl" und das zusätzlich bestimmte Ermessen in § 4 Abs. 2 EnWG mit diesen rechtsstaatlichen Erfordernissen in Einklang bringen zu können, ist Grenze der Auslegung der Zweck des Energiewirtschaftsgesetzes, wie er im Gesetz selbst zum Ausdruck

---

[105]) LADEWIG, a. a. O., S. 44.

[106]) LADEWIG, a. a. O., S. 45.

[107]) LEY, a. a. O., S. 40; HEITZER-LÄMMLE, Erdgasleitungen als Instrument der Landesstrukturpolitik, Raum und Siedlung 1967, 170, 171.

[108]) BÖRNER, a. a. O., S. 434; a. M. NIEMEIER, a. a. O., S. 11 f.

[109]) BÖRNER, a. a. O., S. 421 ff.; zustimmend ECKERT, a. a. O., S. 31; HENCKEL, a. a. O., S. 84 f.; vgl. auch BVerwGE 15, 306, 315 f.

[110]) BÖRNER, a. a. O., S. 434; LEY, a. a. O., S. 40.

[111]) Vgl. dazu HESSE, Grundzüge des Verfassungsrechts der Bundesrepublik Deutschland, 5. Aufl. 1971, § 2 IV m. w. N.; SCHACK und MICHEL, Referat und Korreferat über die verfassungskonforme Auslegung, JuS 1961, 269 ff., 274; FRIAUF, Die Notwendigkeit einer verfassungskonformen Auslegung im Recht der westeuropäischen Gemeinschaften, AöR 85 (1960), 224 ff.; LEIBHOLZ-RINCK, Grundgesetz, 4. Aufl. 1971, Einführung Anm. 4 m. W. N.

[112]) BVerfGE 8, 274, 325 f. m. w. N.

kommt[113]). Eine Berücksichtigung weiterer, nicht im Energiewirtschaftsgesetz verankerter Ziele, führt zu einem Verstoß des § 4 Abs. 2 EnWG gegen die oben aufgeführten rechtsstaatlichen Grundsätze. Dies muß ganz besonders bei einer Berücksichtigung der unklaren Begriffe „Raumordnung" und „Landesplanung" gelten, die im ROG nicht definiert sind und deren Sprachgebrauch uneinheitlich ist[114]). Die Möglichkeiten staatlicher Eingriffe wären in einem solchen Fall unvorhersehbar und unübersehbar und daher mit den Grundsätzen der Rechtsstaatlichkeit nicht vereinbar[115]).

Gegen die Bindung der Energieaufsichtsbehörden an das ROG spricht weiter der verfassungsrechtliche Gleichheitssatz. Art. 3 Abs. 1 GG verbietet wesentlich Gleiches ungleich zu behandeln[116]). Ungleichbehandlungen sind nur zulässig, soweit sie auf vernünftigen und sachgerechten Erwägungen beruhen[117]). Als vergleichbarer Sachverhalt für die Elektrizitäts- und Gaswirtschaft im Bereich der Raumordnung kommt die Mineralölwirtschaft in Betracht. Ebenso wie die Elektrizitätswirtschaft für ihre Hochspannungsleitungen und die Gaswirtschaft für ihre Gasfernleitungen ist die Mineralölwirtschaft für ihre Pipelines auf den notwendigen Raum angewiesen. Ebenso wie Hochspannungsleitungen und Gasfernleitungen haben die Pipelines neben diesen raumbeanspruchenden auch raumverändernde Aspekte[118]). Gesetzliche Vorschriften für Pipelines, nach denen die Aufsichtsbehörden wie bei § 4 EnWG auch Gesichtspunkte der Raumordnung und Landesplanung berücksichtigen könnten, sind nicht erkennbar[119]). Bei der Mineralölwirtschaft liegt also ein vergleichbarer Sachverhalt vor, der jedoch nicht den umfassenden und intensiven Eingriffsmöglichkeiten von Raumordnung und Landesplanung unterliegt, wie die Elektrizitäts- und Gaswirtschaft bei einer extensiven Auslegung von § 4 EnWG[120]). Im Hinblick auf die Bindung an die Raumordnung und die Verpflichtung ihr gegenüber ist die Situation beider Wirtschaftsbereiche gleich. Es ist kein sachlich gerechtfertigter Grund erkennbar, warum die Elektrizitäts- und die Gaswirtschaft stärker der Raumordnung und

---

[113]) BÖRNER, a. a. O., S. 421 ff.; zustimmend ECKERT, a. a. O., S. 31; HENCKEL, a. a. O., S. 84 f.

[114]) Zum unterschiedlichen Gebrauch dieser beiden Begriffe in den verschiedenen Gesetzen vgl. HOHBERG, Das Recht der Landesplanung, Veröffentlichungen der Akademie für Raumforschung und Landesplanung, Bd. 47 (1966), S. 38 ff.

[115]) LADEWIG, a. a. O., S. 62.

[116]) BVerfGE 1, 14, 52; 9, 3, 10; 18, 38, 46. Grundlegend zum Gleichheitssatz BÖRNER, a. a. O., S. 49, 51 f.

[117]) BVerfGE 1, 14, 52; 1, 418, 427; 17, 122, 130; 17, 199, 203; 18, 288, 298 ff.

[118]) Vgl. dazu v. KRIES, Versorgungsfernleitungen, ein brennendes landesplanerisches Problem, Raumforschung und Raumordnung 1956, 210 f.; ders., Rohölleitungen nach Süddeutschland, Raumforschung und Raumordnung 1961, 87 ff.; KINDERMANN, Rechtsprobleme beim Bau und Betrieb von Erdölfernleitungen, Schriften zum Wirtschaftsrecht, Bd. 2, 1965, S. 143 f.; BULLINGER, Die Mineralölfernleitungen, Gesetzeslage und Gesetzeskompetenz, res publica, Beiträge zum öffentlichen Recht, Bd. 8 (1962), S. 35 f.; WESTERMANN, Aktuelles und werdendes Recht der Mineralölfernleitungen, 1964, S. 3; LEY, a. a. O., S. 36 f.

[119]) Vgl. Gesetz über die Anzeige der Kapazitäten von Erdölraffinerien und von Erdölrohrleitungen vom 9. 6. 1965, BGBl. I S. 473; Verordnung über brennbare Flüssigkeiten vom 18. 2. 1960, BGBl. I S. 83; Technische Verordnung über brennbare Flüssigkeiten vom 10. 9. 1964, BGBl. I S. 717; 2. Gesetz zur Änderung des Wasserhaushaltsgesetzes vom 6. 8. 1964, BGBl. I S. 611. Dazu HORSTER, Die Zulassung von Mineralöl-Pipelines, jur. Diss., Bonn 1969, S. 19 ff.; LADEWIG, a. a. O., S. 66. — Zur Frage der Gleichbehandlung von Gas- und Heizöl im Rahmen der Investitionskontrollen nach § 4 EnWG de lege lata und de lege ferenda vgl. ausführlich SCHELBERGER, Überlegungen zur heutigen Situation der energiewirtschaftlichen Investitionskontrolle, in: Beiträge zum Recht der Wasserwirtschaft und zum Energierecht, Festschrift für Paul Gieseke, 1958, S. 387, 391 ff.

[120]) LADEWIG, a. a. O., S. 66; LEY, a. a. O., S. 41.

Landesplanung verpflichtet sein sollen als die Mineralölwirtschaft. Folglich würde die Berücksichtigung von raumordnungspolitischen Gesichtspunkten im Verfahren nach § 4 EnWG zu einem Verstoß gegen Art. 3 Abs. 1 GG führen[121]).

Damit führen auch verfassungsrechtliche Gründe dazu, daß das ROG die Energieaufsichtsbehörden weder verpflichtet noch berechtigt, im Verfahren nach § 4 EnWG Ziele der Raumordnung und Landesplanung zu berücksichtigen.

Der Freigabebescheid nach § 4 EnWG kann also nicht davon abhängig gemacht werden, daß die EVU aus Gründen der Raumordnung und Landesplanung Anlagen errichten, die mit der Sicherheit und Billigkeit der Versorgung nicht übereinstimmen. Sollen solche Vorhaben dennoch realisiert werden, so ist das nur dadurch zu erreichen, daß die öffentliche Hand den unrentablen Anteil an den Investitions- und Betriebskosten durch Darlehen oder Zuschüsse aus öffentlichen Mitteln abdeckt. Dies geschieht bereits weitgehend im Rahmen der regionalen Wirtschaftsförderung des Bundes und im Rahmen des Grünen Plans[122]).

d) Ergebnis

Ziele der Raumordnung und Landesplanung können mit dem ROG nicht durchgesetzt werden, weder im Rahmen des Verfahrens nach § 4 EnWG noch neben diesem Verfahren.

II. Landesrecht

a) EVU als Adressaten

Zunächst ist zu untersuchen, welchen Einfluß die Landesplanungsgesetze der Länder[123]) auf die Planung überörtlicher Energieanlagen für EVU und Energieaufsichtsbehörden haben.

Nur in den Landesplanungsgesetzen von Bayern und Rheinland-Pfalz wird die Energie unmittelbar erwähnt. Beide wiederholen und erläutern die Grundsätze des § 2 ROG und erwähnen in diesem Zusammenhang auch die Versorgung mit Energie (Art. 2 Nr. 8 BayLPlG; § 2 Nr. 9 Rh.-Pf. LPlG.). Entsprechend der Regelung in § 3 Abs. 3 ROG werden dadurch die EVU selbst nicht angesprochen, sondern nur Behörden, Planungskörper und Körperschaften, Stiftungen und Anstalten des öffentlichen Rechts (Art. 3 BayLPlG, § 3 Rh.-Pf. LPlG.).

---

[121]) So ausführlich LADEWIG, a. a. O., S. 67 f.; vgl. auch BÖRNER, a. a. O., S. 434.

[122]) LEY, a. a. O., S. 40; HALSTENBERG, Die Bedeutung der Raumordnung für die öffentliche Gas- und Wasserversorgung, GWF 1966, 1, 4.

[123]) Baden-Württemberg: Landesplanungsgesetz i. d. F. vom 25. 7. 1972, GBl. S. 459 — BWPlanG —;
Bayern: Bayerisches Landesplanungsgesetz (BayLplG) vom 6. 2. 1970, GVBl. S. 9;
Hessen: Hessisches Landesplanungsgesetz i. d. F. vom 1. 6. 1970, GVBl. S. 360 — Hess. PlanG —;
Niedersachsen: Gesetz über Raumordnung und Landesplanung (NROG) vom 30. 3. 1966, GVBl. S. 69;
Nordrhein-Westfalen: Landesplanungsgesetz i. d. F. der Bekanntmachung vom 1. 8. 1972, GV NW S. 244 — NW PlanG —;
Rheinland-Pfalz: Landesgesetz für Raumordnung und Landesplanung (Landesplanungsgesetz — LPlG) vom 14. 6. 1966, GVBl. S. 177 — Rh.-Pf. LPlG. —;
Saarland: Saarländisches Landesplanungsgesetz (SLPG) vom 27. 5. 1964, ABl. S. 525, 621;
Schleswig-Holstein: Gesetz über die Landesplanung (Landesplanungsgesetz) vom 13. 4. 1971, GVBl. S. 152 — SchlHPlanG —.

Die Ziele der einzelnen Landesplanungen werden in den jeweiligen Programmen und Plänen dargestellt[124]). Soweit derartige Programme und Pläne schon aufgestellt sind, wird auch die Energieversorgung insbesondere hinsichtlich ihrer überörtlichen Anlagen angesprochen[125]). Die in diesen Programmen aufgestellten Pläne und Grundsätze sind keine bindenden Rechtssätze für die EVU, sondern allgemeine politische Planungsgrundsätze für eine Zusammenarbeit der verschiedenen Bereiche der öffentlichen Hand in einzelnen Ländern. Aus den Landesplanungsgesetzen ergibt sich keine Vorschrift, die zu einer un-

[124]) In Baden-Württemberg (§ 23 LPlG.) in Entwicklungsplänen und Regionalplänen;
in Bayern (Art. 4 Bay LPlG.) im Landesentwicklungsprogramm, in fachlichen Programmen und Plänen und in Regionalplänen;
in Hessen (§ 1 Abs. 2 LPlG.) im Landesraumordnungsprogramm, im Landesentwicklungsplan und in den regionalen Raumordnungsplänen;
in Niedersachsen (§ 3 NROG) in Raumordnungsprogrammen;
in Nordrhein-Westfalen (§ 9 NW PlanG) im Landesentwicklungsprogramm, in Landesentwicklungsplänen und in Gebietsentwicklungsplänen;
in Rheinland-Pfalz (§ 9 Rh.-Pf. LPlG.) im Landesentwicklungsprogramm und in den regionalen Raumordnungsplänen;
im Saarland (§ 2 SLPG) im Raumordnungsprogramm und im Raumordnungsplan;
in Schleswig-Holstein (§ 3 Abs. 1 SchlHPlanG) in Raumordnungsplänen und in Regionalplänen.

[125]) In Baden-Württemberg: Ein Landesentwicklungsplan ist aufgestellt, abgedruckt bei ULL-RICH-LANGER, Landesplanung und Raumordnung, 1973, Bd. 3, Gruppe 2, S. 63 ff.; er befaßt sich im 2. Teil unter Nr. 2.6 mit der Energieversorgung;
in Bayern: Die bis jetzt aufgestellten Pläne werden in die Regionalplanung nach Maßgabe des Bayerischen Landesplanungsgesetzes übergeleitet. Das Landesentwicklungsprogramm und Raumordnungspläne befinden sich in der Aufstellung. Es gibt dazu „Leitsätze der Bayerischen Landesplanung", in: Grundlagen und Ziele der Raumordnung in Bayern, hrsg. vom Bayerischen Staatsministerium für Wirtschaft und Verkehr, 1964, abgedruckt bei ULLRICH-LANGER, a. a. O., Bd. 4, Gruppe 3, S. 11 f., in denen sich Nr. 11 mit der Energie befaßt.
In Hessen befaßt sich das Hessische Landesraumordnungsprogramm, abgedruckt bei ULLRICH-LANGER, a. a. O., Bd. 4, Gruppe 7, S. 203 ff. mit der Energieversorgung in Teil A Abschn. II Nr. 2.8, Teil B, Nr. 3.2, Nr. 4.4.1, 7.5, 8 und in der Begründung hierzu in B. zu Teil A zu Nr. 2.8.
In Niedersachsen ist das Landesraumordnungsprogramm aufgestellt, abgedruckt bei ULLRICH-LANGER, a. a. O., Bd. 5, Gruppe 8, S. 300 t 1 ff.; es befaßt sich unter X mit der Energieversorgung; der „Entwicklungsplan des Landes Niedersachsen für die Jahre 1970 bis 1979", hrsg. vom Niedersächsischen Ministerpräsidenten, abgedruckt bei ULLRICH-LANGER, a. a. O., Bd. 5, Gruppe 8, S. 2701 ff., befaßt sich in B I 1.2.2 mit der Energieversorgung.
In Nordrhein-Westfalen befaßt sich das Landesentwicklungsprogramm vom 7. 8. 1964, MBl. S. 1205, abgedruckt bei ULLRICH-LANGER, a. a. O., Bd. 5, Gruppe 9, S. 20e ff. mit der Energieversorgung in I (Planungsgrundsätze) B. Nr. 10, 12, 13, 14 und in II (Leitlinien für die Entwicklung der Landesgebiete) B. Nr. 2c, C, Nr. 2. Vgl. dazu NIEDERMEIER, a. a. O., S. 5 ff.
Der Landesentwicklungsplan I vom 28. 11. 1966, MBl. S. 2260 i. d. F. vom 17. 12. 1970 (MBl. 1971 S. 200), abgedruckt bei ULLRICH-LANGER, a. a. O., Bd. 5, Gruppe 9, S. 201 ff. befaßt sich mit der Energieversorgung, da er das Landesentwicklungsprogramm entfaltet und zeichnerisch darstellt (§ 12 Abs. 2 Nordrhein-Westfälisches Landesplanungsgesetz vom 7. 5. 1962). Für das Gebiet des Siedlungsverbandes Ruhrkohlenbezirk liegt der Gebietsentwicklungsplan vom 29. 11. 1966 vor, MBl. S. 2203, abgedruckt bei ULLRICH-LANGER, a. a. O., S. 2539. Er befaßt sich auch mit überörtlichen Energieanlagen in Teil II 1b Nr. 6 mit Begründung. Vgl. auch HALSTENBERG, Landesentwicklungspläne in Nordrhein-Westfalen, Kommunalwirtschaft 1971, 250 ff.
In Rheinland-Pfalz ist das Landesentwicklungsprogramm aufgestellt, im Auszug abgedruckt bei ULLRICH-LANGER, a. a. O., Bd. 6, Gruppe 10, S. 53 ff.; es befaßt sich im 2. Abschnitt unter Nr. 255 mit der Energieversorgung.
Im Saarland befaßt sich das „Raumordnungsprogramm des Saarlandes I. Allgemeiner Teil" vom 10. 10. 1968, ABl. 1969 S. 37, abgedruckt bei ULLRICH-LANGER, a. a. O., Bd. 6, Gruppe 11, S. 31 ff. in C IV Nr. 74—76 mit der Energieversorgung und das „Raumordnungsprogramm des Saarlandes, II. Besonderer Teil" vom 28. 4. 1970, ABl. S. 496, abgedruckt bei ULLRICH-LANGER, a. a. O., S. 43 ff. in A II.
In Schleswig-Holstein besteht der Raumordnungsplan vom 16. 5. 1969, ABl. S. 315 i. d. F. vom 10. 3. 1971, ABl. S. 221, abgedruckt bei ULLRICH-LANGER, a. a. O., Bd. 6, Gruppe 12, S. 81 ff. Er befaßt sich in VII Nr. 58 mit der Energieversorgung.

mittelbaren Bindung der EVU an diese Programme und Pläne führt[126]). So heißt es in § 8 Abs. 4 Satz 1 Hessisches Planungsgesetz, daß Landesraumordnungsprogramm, Landesentwicklungsplan und regionale Raumordnungspläne dem einzelnen gegenüber keine Rechtswirkung haben. Dem steht nicht entgegen, daß nach Art. 25 Bayerisches Planungsgesetz und § 8 Abs. 2 Hessisches Planungsgesetz die öffentliche Hand auch bei juristischen Personen des Privatrechts, an denen sie beteiligt ist, für eine Beachtung der Erfordernisse der Raumordnung sorgen soll. Es ist das Recht eines jeden an einer solchen Gesellschaft Beteiligten, die Durchsetzung seiner Ziele zu erreichen.

b) Energieaufsichtsbehörden als Adressaten

Es bleibt zu prüfen, inwieweit die Energieaufsichtsbehörden durch die Landesplanungsgesetze beeinflußt werden.

Die verschiedenen Landespläne und Programme erlangen mit der Verbindlichkeit eine Sperrwirkung gegenüber abweichenden Planungen. Das gilt für
Entwicklungspläne in Baden-Württemberg,
das Landesentwicklungsprogramm und die Regionalpläne in Bayern,
das Landesraumordnungsprogramm und den Landesentwicklungsplan Hessen,
die Raumordnungsprogramme in Niedersachsen,
das Landesentwicklungsprogramm und die regionalen Raumordnungspläne in Rheinland-Pfalz,
das Raumordnungsprogramm und den Raumordnungsplan im Saarland sowie
die Raumordnungspläne in Schleswig-Holstein[127]). Mit einem Hinweis auf derartige verbindliche Programme und Pläne können die Energieaufsichtsbehörden ein nach § 4 EnWG angezeigtes Vorhaben eines EVU aber nicht beanstanden und untersagen. Eine Berücksichtigung derartiger Programme und Pläne aufgrund von landesplanerischen Vorschriften würde zu einer Ergänzung und Änderung des § 4 Abs. 2 EnWG führen, da für § 4 Abs. 2 EnWG, wie dargelegt, nur die Sicherung und Billigkeit der Versorgung ausschlaggebend sind. Das Energiewirtschaftsgesetz gilt als Bundesrecht fort (Art. 123, 124, 74 Nr. 11 GG), deshalb kann es nicht durch Landesgesetze ergänzt oder geändert werden, Art. 31 GG. Das ROG des Bundes hat, wie festgestellt, das Energiewirtschaftsgesetz nicht geändert. Auch liegt in § 4 Abs. 3 ROG keine bundesgesetzliche Ermächtigung der Landesregierung nach Art. 80 Abs. 1 GG[128]). Die Landesplanungsgesetze führen also nicht zu einer Bindung der Energieaufsichtsbehörde an die verbindlich festgestellten Raumordnungsprogramme und Entwicklungspläne. Eine Beanstandung oder Untersagung nach § 4 Abs. 2 EnWG wegen verbindlicher Raumordnungsprogramme oder -pläne ist rechtswidrig.

---

[126]) LADEWIG, a. a. O., S. 95 zur Rechtslage in Nordrhein-Westfalen; vgl. weiterhin NIEMEIER-BENSBERG, NRW-Plan, hrsg. vom Minister für Landesplanung, Wohnungsbau und öffentliche Arbeit des Landes Nordrhein-Westfalen, Bd. 23 (1967), S. 10; HOHBERG, a. a. O., S. 95 ff.

[127]) § 27 Abs. 1 BWPlanG;
Art. 14 Abs. 3, 18 Abs. 3 Satz 1 BayLplG;
§ 8 Abs. 1 Hess. PlanG;
§ 5 NROG;
§§ 11 Abs. 2, 13 Abs. 1 Rh.-Pf. LPlG;
§ 9 SLPG;
§ 4 Abs. 1 SchlHPlanG.
[128]) LADEWIG, a. a. O., S. 97.

Auch mit den Mitteln der vorläufigen Anordnung nach den einzelnen Landesgesetzen[129]) kann die Entscheidung der Energieaufsichtsbehörde nach § 4 EnWG nicht beeinflußt werden.

Einmal werden die Energieaufsichtsbehörden überhaupt nicht angesprochen: Der Sicherungswiderspruch nach § 10 SLPG richtet sich u. a. an nachgeordnete Behörden des Landes, Landkreise, Ämter und Gemeinden; dazu gehört nicht die Energieaufsichtsbehörde, da die Energieaufsicht beim Landeswirtschaftsminister liegt.

Zum anderen können sich die Untersagung raumordnungswidriger Planungen und Maßnahmen nach Art. 24 BayLplG, nach § 12 Hess. PlanG, § 32 BWPlanG, § 17 NW PlanG, § 15 SchlHPlanG und der landesplanerische Einspruch auf § 16 NROG und § 19 Rh.-Pf. LPlG nicht gegen eine Entscheidung der Energieaufsichtsbehörde richten, weil dem § 4 EnWG entgegensteht (Art. 31 GG).

c) Raumordnungsverfahren

Bedeutsam für die Planung überörtlicher Energieanlagen ist das in einigen Ländern geregelte Raumordnungsverfahren[130]). Es dient der Abstimmung der den Raum beeinflussenden Planungen einzelner Planungsträger mit den Belangen der Landesplanung. Dabei kann es sich um die Abstimmung zwischen Landesplanung und Fachplanung, zwischen Fachplanung verschiedener Behörden und zwischen Ortsplanungen verschiedener Gemeinden handeln[131]). In Bayern ist ein solches Verfahren nach Art. 23 Abs. 1 a BayLplG für überörtliche Energieanlagen durchzuführen, weil es sich um raumbedeutsame Planungen sonstiger Planungsträger handelt. In Hessen und Schleswig-Holstein ist es durchzuführen, weil hier jeweils die Energieaufsichtsbehörde unmittelbar als Behörde des Landes dazu verpflichtet ist (§§ 11 Abs. 1, 8 Abs. 2 Hess. PlanG; §§ 4 Abs. 1, 14 SchlHPlanG). In Niedersachsen und Rheinland-Pfalz ist es durchzuführen, weil die überregionalen Energieanlagen raumbeanspruchende Fachplanungen von überörtlicher Bedeutung sind; § 15 Abs. 1 NROG, § 18 Abs. 1, Abs. 2 Nr. 1 Rh.-Pf. LPlG.

Diese gesetzlich vorgeschriebenen Raumordnungsverfahren führen bei erfolgreichem Verlauf zur Abstimmung der beteiligten Planungsinteressenten und enden mit der Feststellung, daß gegen das geplante Leitungsprojekt keine landesplanerischen Bedenken bestehen[132]). Dieses Unbedenklichkeitsattest hat aber keine rechtsverbindliche Wirkung, sondern ist nur eine Empfehlung; es ersetzt also nicht im Einzelfall vorgeschriebene Verwaltungsverfahren, Erlaubnisse oder Genehmigungen[133]). Insbesondere ergibt sich daraus kein Rechtsanspruch für ein EVU auf eine bestimmte Grobtrasse entsprechend der landesplanerisch gebilligten Linie[134]). Das Ergebnis eines solchen Verfahrens wird nur behördenintern zur verbindlichen Richtlinie[135]). Bedenken aus § 4 EnWG bestehen insoweit nicht.

---

[129]) Dazu ausführlich HOHBERG, a. a. O., S. 141 ff.

[130]) Vgl. dazu HOHBERG, a. a. O., S. 139 ff.; vgl. für Bayern Art. 23 BayLplG,
für Hessen § 11 Hess. PlanG,
für Niedersachsen § 15 NROG,
für Rheinland-Pfalz § 18 Rh.-Pf. LPlG und
für Schleswig-Holstein § 14 SchlHPlanG.

[131]) HOHBERG, a. a. O., S. 139 f.

[132]) SCHEUTEN, a. a. O., 273.

[133]) FÖRG, Das Raumordnungsverfahren, BayVBl. 1961, 46; a. M. HALSTENBERG, a. a. O., 5.

[134]) JOACHIM, a. a. O.

[135]) v. KRIES, Aus der Praxis bei der Erarbeitung einer Gasleitungsstraße, Raum und Siedlung 1969, 172, 177.

Die Länder sind nicht gehindert durch gesetzliche Vorschriften eine gegenseitige Abstimmung der verschiedenen überörtlichen Planungen zu erstreben. Wird allerdings das landesplanerische Unbedenklichkeitsattest nicht erteilt und mit dieser Begründung das angezeigte Vorhaben nach § 4 Abs. 2 EnWG beanstandet, so widerspricht das dem Energiewirtschaftsgesetz, weil damit landesplanerische Gesichtspunkte der Sicherheit und Billigkeit der Energieversorgung übergeordnet werden. Ein solches Verhalten wäre rechtswidrig, da das Energiewirtschaftsgesetz als Bundesrecht nach Art. 31 GG Vorrang vor den Planungsgesetzen der Länder hat und deshalb gegen das Prinzip der Gewaltenteilung und den Grundsatz der Gesetzmäßigkeit der Verwaltung verstoßen würde (Art. 20 Abs. 2, Abs. 3 GG).

In den Ländern, in denen ein Raumordnungsverfahren nicht gesetzlich vorgeschrieben ist, wird teilweise aufgrund von Vereinbarungen ein solches Verfahren ebenfalls durchgeführt[136]). An dem Ergebnis ändert sich dadurch nichts. Ein Verstoß gegen § 4 EnWG liegt vor, wenn landesplanerische Gesichtspunkte Vorrang erhalten und zu einer Beanstandung oder Untersagung der geplanten Trasse führen.

d) Ergebnis

EVU und Energieaufsichtsbehörden sind nicht Adressaten der Landesplanung.

Die gesetzlich vorgeschriebenen Raumordnungsverfahren und die vereinbarten landesplanerischen Anhörungsverfahren sind ohne rechtliche Bedeutung: Stimmt das Ergebnis mit der geplanten Trasse überein, so erhalten die EVU keinen Rechtsanspruch auf diese Trasse. Widerspricht das Ergebnis der Planung der EVU, so darf dies nicht zu einer Beanstandung oder Untersagung führen.

E. Folgen

I. Vielzahl behördlicher Erlaubnisse

Nach der Nichtbeanstandung im Anzeigeverfahren nach § 4 EnWG müssen die Energieversorgungsunternehmen als zweite Stufe zahlreiche andere Genehmigungen erwirken und dazu mit Behörden von Bund, Ländern und Gemeinden verhandeln. Eine rechtliche Verbindung zwischen den verschiedenen Verfahren besteht nicht, inbesondere schaffen die landesrechtlichen Raumordnungsverfahren keine solche Verbindung. Für die Praxis der Energiewirtschaft stellt sich dieses „Nebeneinander" als ein „Durcheinander" dar[137]). Infolge des zersplitterten Verfahrensrechts sind in manchen Fällen seit der Anzeige nach § 4 EnWG mehr als fünf Jahre vergangen, ohne daß es gelungen wäre, die verschiedenen Behörden zu koordinieren und eine abschließende Entscheidung zu erhalten[138]). Auf diese Weise wird es den EVU immer schwerer gemacht, die ständig wachsenden Versorgungsanforderungen zeitgerecht zu erfüllen. Insbesondere die Herstellung eines Einvernehmens mit den Gemeinden nach dem Bundesbaugesetz führt regelmäßig zu erheblichen Verzögerungen bei der Planung überörtlicher Energieanlagen. Überörtliche Energievorhaben, wie der Bau überörtlicher Energieanlagen, bringen den Gemeinden oft keinen unmittelbaren Vorteil. Die Gemeinden wehren sich daher häufig gegen überörtliche Vorhaben, die den Gemeinderaum beanspruchen[139]), und verlangen eine hohe Wegemaut, für die rechtshistorische Parallelen zu suchen eine reizvolle Aufgabe wäre. Das gilt besonders für kleine und kleinste Gemeinden[140]), die sich Kindergärten, Schulen und Schwimmbäder vom EVU

---

[136]) Vgl. dazu SCHEUTEN, a. a. O.; JOACHIM, a. a. O.; LEY, a. a. O., S. 41; v. KRIES, a. a. O. In Nordrhein-Westfalen führt man so ein „landesplanerisches Anhörungsverfahren" durch.
[137]) SCHELBERGER, a. a. O., 31.
[138]) Vgl. SCHELBERGER, a. a. O.
[139]) WAGNER, a. a. O., 199; SCHEUTEN, a. a. O., 273 f.
[140]) SCHEUTEN, a. a. O.

bauen lassen. So kommt es zu verwaltungsgerichtlichen Auseinandersetzungen. Dem planenden EVU bleibt hierbei nur die vage Hoffnung, daß genügend Zeit zur Verfügung steht, um auch die letzte Entscheidung der höchsten Instanz abwarten zu können[141]).

II. Kein Rechtsanspruch auf Grobtrasse

Alle Genehmigungen, Zustimmungen, Einvernehmen und Unbedenklichkeitsbescheinigungen der ersten und zweiten Stufe stellen zwar die Vereinbarkeit des geplanten Vorhabens mit den öffentlichrechtlichen Vorschriften fest, gewähren dem EVU aber keinen Rechtsanspruch auf die geplante und nicht beanstandete Grobtrasse. Auch nach Abschluß der genannten öffentlichrechtlichen Verfahren fehlt dem EVU ein Beschluß, der rechtsverbindlich den Verlauf der geplanten Trasse 1 : 25 000 festsetzt, damit das EVU darauf aufbauend die Planung für jede einzelne Parzelle, die von der Anlage berührt wird, im Maßstab 1 : 1 000 spezifizieren kann. Selbst in den Ländern, deren Planungsgesetze ein Raumordnungsverfahren vorschreiben, endet das Verfahren nur mit einer unverbindlichen Empfehlung.

Diese Unverbindlichkeit der privaten Planung der EVU und der staatlichen Planung fordert dann später die Grundstückseigentümer dazu heraus, die Richtigkeit der Planungsarbeit und ihrer Ergebnisse in Zweifel zu ziehen und eine Vereinbarung über die Grundstücksbenutzung zu verweigern mit dem Hinweis auf eine „bessere Trassierungsmöglichkeit"[142]). Das zwingt die EVU gegen den Willen der Grundstückseigentümer im Wege der Enteignung die Rechtsverbindlichkeit der Trasse zu erreichen[143]).

III. Keine Berücksichtigung der Interessen der Grundstückseigentümer

Mangelhaft sind die Interessen der Grundstückseigentümer berücksichtigt. Die Grundstückseigentümer erfahren konkrete Einzelheiten über die Leitungstrasse erst dann, wenn das EVU nach Abschluß jahrelanger Planungsarbeit beginnt, die Planung auszuführen und die in Zusammenarbeit mit den beteiligten öffentlichen Stellen festgelegten Pläne rechtlich zu sichern[144]). Daher wehren sie sich, die Ergebnisse zu akzeptieren. Ob die EVU auf dem Verhandlungswege oder durch Enteignung die Sicherung der Trasse versuchen, immer wieder wirft man ihnen vor, die Interessen der Grundstückseigentümer bei der eigentlichen Planung der Leitungen nicht hinlänglich berücksichtigt zu haben[145]). Zwar können die Grundstückseigentümer ihre Bedenken und Änderungsvorschläge in dem Enteignungsverfahren vortragen; regelmäßig müssen sie sich aber von den Enteignungsbehörden sagen lassen, daß die Trasse von allen beteiligten öffentlichen Stellen festgelegt und daß eine Änderung der Linienführung kaum noch möglich ist[146]). Selbst wenn manchmal die EVU bereit und in der Lage wären, Wünschen der Grundstückseigentümer entgegenzukommen, zwingt diese rechtliche Festlegung die EVU, die vorher landesplanerisch abgestimmte Trasse den Grundstückseigentümern gegenüber möglichst weitgehend durchzusetzen, weil bei jeder Änderung der Trasse das landesplanerische Verfahren und unter Umständen die sonstigen gesetzlichen Verfahren wiederholt werden müßten. Die Nichtbeteiligung der Grundstückseigentümer an der Planung bei der zweiten Stufe ist somit ein schwerer Mangel der jetzigen planungsrechtlichen Situation[147]).

---

[141]) SCHEUTEN, a. a. O., 275.
[142]) SCHEUTEN, a. a. O., 277.
[143]) SCHEUTEN, a. a. O.
[144]) SCHEUTEN, a. a. O., 275.
[145]) SCHEUTEN, a. a. O., 276.
[146]) SCHEUTEN, a. a. O.
[147]) SCHEUTEN, a. a. O.

3. Kapitel

3. Stufe: Feststellung der Zuverlässigkeit der Enteignung nach § 11 Abs. 1 EnWG

A. Allgemeines

Nachdem das EVU sich alle Genehmigungen der 2. Stufe beschafft hat und ihm das im landesplanerischen Anhörungsverfahren bescheinigt worden ist, fällt in der 3. Stufe des Verfahrens die Zuständigkeit wieder an das Wirtschaftsministerium als Energieaufsichtsbehörde. Dieses erklärt es in einer Anordnung nach § 11 Abs. 1 EnWG für zulässig, daß zugunsten des EVU Grundeigentum im Wege der Enteignung für das energiewirtschaftliche Vorhaben beschränkt wird. Die Anordnung bezeichnet die Regierungsbezirke und die Gemarkungen, innerhalb derer die Enteignung zulässig ist, nicht aber die einzelnen betroffenen Grundstücke.

Damit hat die Behörde bejaht, daß das Vorhaben Zwecken der öffentlichen Energieversorgung im Sinne von § 11 Abs. 1 EnWG dient[148]). Zugleich steht fest, daß es dem Wohle der Allgemeinheit gemäß Art. 14 Abs. 3 GG dient; denn diesen Begriff hat § 11 Abs. 1 EnWG mit den Zwecken der öffentlichen Energieversorgung konkretisiert[149]).

B. Insbesondere Erforderlichkeit der Enteignung

Mit der Anordnung der Zulässigkeit der Enteignung steht noch nicht fest, ob die Enteignung auch im Hinblick auf ein einzelnes Grundstück erforderlich ist. Sie ist nicht erforderlich, wenn das EVU das Vorhaben auch anders als durch eine einseitige Beschränkung von Grundeigentum durchführen und rechtlich absichern kann. Die Enteignung ist nur das äußerste Mittel; man spricht daher von der Subsidiarität der Enteignung[150]).

Eine einseitige Enteignung ist demgemäß nicht erforderlich und damit nicht zulässig, wenn das EVU sein Ziel durch ein zweiseitiges Rechtsgeschäft, also durch Vertrag mit dem Grundstückseigentümer, erreichen kann[151]). Die Bereitwilligkeit eines Grundstückseigentümers, einen solchen Vertrag freiwillig abzuschließen, hängt großenteils ab von der Höhe der Entschädigung, die das EVU ihm anbietet.

Die Energieaufsichtsbehörden fordern nun in steigendem Maße im Rahmen von § 11 Abs. 1 EnWG von den EVU den Nachweis, daß Verhandlungen mit einigen der mutmaßlich betroffenen Grundstückseigentümer geführt worden sind und daß diese Verhandlungen nicht an unangemessen niedrigen Entschädigungen gescheitert sind[152]). Teilweise werden Verhandlungen mit Interessenverbänden, mit der überwiegenden Mehrheit oder gar mit allen Grundstückseigentümern gefordert. Welche Erschwerung das bedeutet, ergibt sich daraus, daß eine 10 km lange Hochspannungsleitung im Durchschnitt über 400 bis 500 Grundstücke führt. In Landschaften, in denen noch Realteilung im Zuge der Erbfolge üblich ist, können sogar 2 500, ja bis zu 5 000 Grundstücke betroffen sein[153]). Besonders

---

[148]) EISER-RIEDERER-HLAWATY, I S. 259 ff.

[149]) EISER-RIEDERER-HLAWATY, S. 215 f., 221 a.

[150]) KIMMINICH, in: Bonner Kommentar, 2. Bearbeitung 1971, Art. 14 Rz. 129; vgl. auch WOLFF, Verwaltungsrecht I, § 62 IV a 2; BVerwGE 1, 140; 2, 36, 38 f.

[151])NEUMANN, Die Verhältnismäßigkeit der Enteignung, Deutsche Wohnungswirtschaft 1959, 180, 182; JOACHIM, Die enteignungs- und energierechtliche Problematik für Versorgungsleitungen, NJW 1969, 2175 ff., 2175.

[152]) Vgl. SCHEUTEN, a. a. O., 280; WAGNER, a. a. O., 200; zustimmend EISER-RIEDERER-HLAWATY, I S. 222.

[153]) SCHEUTEN, a. a. O., 277.

Bayern übt diese Praxis konsequent[154]): Danach müssen die EVU mit mindestens zwei bis drei Grundstückseigentümern verhandelt haben. Ebenso ist es in Niedersachsen. Rheinland-Pfalz fordert die vorherige Verhandlung mit der überwiegenden Zahl der Grundeigentümer und versteht darunter ungefähr 75 %. Die Energieaufsichtsbehörde prüft an Hand dieser Fälle die Erforderlichkeit der Enteignung, ihre Entscheidung lautet aber so, als sei diese interne Prüfung einiger Einzelfälle nicht erfolgt[155]).

Der Bayerische Verwaltungsgerichtshof[156]) hält dies Kryptoverfahren für unzulässig. Nach ihm ist die Energieaufsichtsbehörde gemäß § 11 Abs. 1 EnWG zuständig zur Feststellung, daß der die Enteignung nach § 11 Abs. 1 beantragende Unternehmer ein EVU ist, daß die Zwecke der öffentlichen Energieversorgung die Erstellung der von dem EVU geplanten Versorgungseinrichtung erfordern und daß somit die Enteignung zur Erstellung der Leitung grundsätzlich zulässig ist. Die Entscheidung darüber, ob die Enteignung im Einzelfall erforderlich ist, ist erst im Verfahren von § 11 Abs. 2 EnWG durch den Regierungspräsidenten als Enteignungsbehörde zu treffen. Dem ist zuzustimmen[157]). § 11 EnWG teilt die Enteignung in zwei Abschnitte ein. Abs. 1 spricht von der Zulässigkeit der Enteignung; Abs. 2 spricht von der Zulässigkeit der Inanspruchnahme der Grundstücke zur Ausführung von Vorarbeiten und über die Art der Durchführung und den Umfang der Enteignung, verweist damit auf die einzelnen Landesgesetze und trifft die Entscheidung darüber, ob im Einzelfall die sachlichen Voraussetzungen für die Enteignung gegeben sind und in welcher Form (Zwangsbelastung durch eine Dienstbarkeit, Zwangsabtretung) und in welchem Umfang fremder Grundbesitz in Anspruch genommen werden darf und muß[158]). Jeder der beiden Abschnitte ermächtigt zu Teilentscheidungen, die erst zusammengenommen „das Enteignungsverfahren für Zwecke der öffentlichen Energieversorgung" ergeben[159]). Jede für das Gesamtverfahren relevante Frage kann vernünftigerweise nur entweder in dem einen oder in dem anderen Verfahrensabschnitt zu beantworten sein[160]). Die Erwähnung der Grundstücke und die Verweisung auf die Landesgesetze in Abs. 2 erscheinen nicht sinnvoll, wenn bereits die Erforderlichkeit der Enteignung in Abs. 1 zu prüfen wäre; denn dann würde sinnwidrig ein Teil der Einzelfallprüfung in das Verfahren nach Abs. 1 verlagert. Andererseits bliebe die Beschränkung des Verfahrens nach Abs. 1 auf die Feststellung der Zulässigkeit der Enteignung bei gleichzeitiger Prüfung der Erforderlichkeit ebenfalls wenig sinnvoll; denn bei Anlagen, zu deren Durchführung eine große Anzahl von Grundstücken benötigt wird, wird man ohne weiteres voraussetzen müssen, daß nur ein Teil derselben im Wege einer Vereinbarung erwerbbar ist[161]); das

---

[154]) Dazu ausführlich KELLER, Enteignung für Zwecke der öffentlichen Energieversorgung — Zur Auslegung und Anwendung des § 11 EnWG, jur. Diss., München 1967, S. 124 ff.

[155]) Vgl. KELLER, a. a. O., S. 127 f.

[156]) BayVGH, RbE 1961, 77, 79 f.; BayVBl. 1963, 156; BayVBl. 1964, 276.

[157]) Ebenso EISER-RIEDERER-HLAWATY, I S. 220a ff., aber insoweit widersprüchlich zu S. 222; SEUFERT, Das Bayerische Enteignungsrecht, 1957, S. 290 f.; NEUFANG, Die Anfechtbarkeit der Enteignungsanordnung, DVBl. 1951, 108; JOACHIM, Die Rechtsnatur der Enteignungsanordnung, DVBl. 1959, 388 ff.; MATTHEIS, Erforderlichkeit der Enteignung für Energieversorgungsleitungen, NJW 1963, 1804, 1806 f.; offen gelassen vom BVerwG, RbE 1960, 49, 50; a. M. LUDWIG-CORDT-STECH, a. a. O., § 11 EnWG Anm. 4.

[158]) BayVGH, RbE 1961, 77, 80.

[159]) EISER-RIEDERER-HLAWATY, I S. 221 a.

[160]) EISER-RIEDERER-HLAWATY, I a. a. O., widersprüchlich aber zu S. 222.

[161]) JOACHIM, Dienstbarkeitsentschädigungen für Fernleitungsrechte von Versorgungsunternehmen, NJW 1963, 473 ff., 473.

genügt für die Verleihung des Enteignungsrechts, da dieses dem Unternehmer nicht für ein bestimmtes Grundstück verliehen wird[162]).

Die Prüfung, ob die Enteignung für ein bestimmtes Grundstück notwendig ist, ist also nur im Rahmen der speziellen Enteignungsordnung gerade für dieses bestimmte Grundstück bedeutsam, nicht aber wenn wie hier nach Abs. 1 die Zulässigkeit der Enteignung für die gesamte Energieanlage festgestellt werden soll. Die besondere Hervorhebung der Feststellung der Zulässigkeit der Enteignung kann deshalb nur bedeuten, daß die Frage, ob die zulässige Enteignung im Einzelfall auch notwendig ist, nach § 11 Abs. 2 EnWG in Verbindung mit den Landesgesetzen zu entscheiden ist[163]).

Dem steht der Wortlaut von § 11 Abs. 1 EnWG nicht entgegen. Das Wort „soweit" umreißt nicht die sachliche Zulässigkeit für die Frage der Erforderlichkeit. Es ist vielmehr in rein konditionaler Bedeutung zu verstehen und besagt soviel wie „wenn" oder „für den Fall, daß ..."[164]). Zwar ist ausdrücklich die Erforderlichkeit erwähnt, sie bezieht sich aber auf die Worte „für Zwecke der öffentlichen Energieversorgung". Die Erforderlichkeit für Zwecke der öffentlichen Energieversorgung ist aber nichts anderes als das vom Gesetzgeber auf dem Bereich der Energieversorgung konkretisierte Wohl der Allgemeinheit und bezieht sich auf das gesamte Vorhaben der EVU und hat nichts mit der Frage zu tun, ob die Enteignung im Einzelfall erforderlich ist.

Der Versuch, insoweit von einer „generellen Erforderlichkeitsprüfung" zu sprechen[165]), ist verfehlt. Die individuelle Erforderlichkeitsprüfung ist zugeschnitten auf einen staatlichen Eingriff in ein bestimmtes Grundstück. Die generelle Prüfung betrifft die Frage, ob das Gesamtvorhaben für Zwecke der öffentlichen Energieversorgung notwendig ist und damit dem Wohl der Allgemeinheit dient.

Das wird unterstrichen durch einen Vergleich mit dem Preußischen Enteignungsgesetz[166]). Auch hier ist das Enteignungsverfahren in zwei Abschnitte eingeteilt: Die Verleihung des Enteignungsrechts durch Beschluß der Landesregierung nach § 2 Pr.EnteignungsG und die Durchführung des Enteignungsverfahrens nach den §§ 15 ff. Pr.EnteignungsG. Im Rahmen der Entscheidung nach § 2 Pr.EnteignungsG findet eine Prüfung der Erforderlichkeit nicht statt[167]). Vorverhandlungen mit den voraussichtlich betroffenen Grundstückseigentümern haben diesem Verfahren nicht vorauszugehen[168]). Nach § 2 Pr.EnteignungsG wird die Enteignung für das gesamte Vorhaben ohne Einzelfallprüfung grundsätzlich für zulässig erklärt[169]).

---

[162]) So schon LOEBELL, Das Preußische Enteignungsgesetz, 1884, § 1 Anm. 6; vgl. auch Urteil des VG Hannover, I. Kammer Hildesheim vom 26. 1. 1961, Az. IA 111/60.

[163]) EISER-RIEDERER-HLAWATY, a. a. O.

[164]) BayVGH, RbE 1961, 77, 80; BayVGH, BayVBl. 1963, 156.

[165]) So KELLER, a. a. O., S. 145 ff.

[166]) Gesetz über die Enteignung von Grundeigentum vom 11. 6. 1874, PrGS S. 221, in NW zuletzt geändert durch Gesetz vom 28. 11. 1961, GVBl. S. 305.

[167]) NEUFANG, a. a. O., 108 ff.

[168]) NEUFANG, Grundstücksenteignungsrecht, Grundriß des Verwaltungsrechts, Bd. 39, 1952, § 2 Pr.EnteignungsG Nr. 13 ff.

[169]) NEUFANG, a. a. O., Nr. 16. Bereits aus der Entstehungsgeschichte des Preußischen Enteignungsgesetzes geht hervor, daß der Gesetzgeber zwischen einer Enteignung im Einzelfall und einem weiträumigen Bauvorhaben in der Art von Versorgungsleitungen unterscheiden wollte. So enthält z. B. der Komissionsbericht zur Begründung des Preußischen Enteignungsgesetzes vom 4. 3. 1872 die Feststellung, daß bei gemeinnützigen Unternehmungen wie Eisenbahnen, Kanalbauten usw. dem Unternehmen nicht der Beweis auferlegt werden könne, das erforderliche Terrain habe sich in gütlicher Vereinbarung nicht erwerben lassen. Ein derartiger Beweis, so führt der Komissionsbericht weiter aus, würde sich bei einer großen Anzahl Beteiligter nicht führen lassen oder wenigstens enorme Mühe, Zeit, Aufwendung und Geld kosten. Dazu MATTHEIS, a. a. O., 1804, 1807 m. w. N.

Wenn die generelle Anordnung nach § 11 Abs. 1 EnWG das Vorliegen der Erforderlichkeit bejahte, so würde sich für die betroffenen Grundstückseigentümer, mit denen verhandelt wurde, eine präjudizierende Wirkung für das eigentliche Enteignungsverfahren ergeben[170]). Die darin liegende Beeinträchtigung ihrer Rechtspositionen würde für sie die Anordnung nach § 11 Abs. 1 EnWG zu einem belastenden Verwaltungsakt machen[171]). Rechtsstaatliche Konsequenz eines solchen Verfahrens wäre eine Beteiligung der Betroffenen an diesem Verfahren; daran fehlt es aber.

Die Motive für die rechtswidrige Verwaltungspraxis liegen nicht in der Anwendung enteignungsrechtlicher Grundsätze, sondern allein in der Einflußnahme auf die Höhe der Entschädigung[172]). Die Festsetzung der Entschädigung ist in den einzelnen Landesenteignungsgesetzen geregelt[173]). Die Anwendung dieser Vorschriften ordnet erst § 11 Abs. 2 EnWG an. Im Verfahren nach § 11 Abs. 1 EnWG ist also jede Berücksichtigung der Entschädigung unzulässig[174]).

Der Wirtschaftsminister ist auch gar nicht imstande, die Erforderlichkeit der Enteignung eines einzelnen Grundstückes zu prüfen, wenn er über die generelle Zulässigkeit der Enteignung nach § 11 Abs. 1 EnWG entscheidet. Denn er weiß noch nicht, ob und wie die Trasse ein einzelnes Grundstück berühren wird. Ihm liegt allein das Meßtischblatt 1 : 25 000 vor. Es hat eine Verzerrung von ± 25 m. Die Mittellinie der Trasse kann also auch bei genauester Eintragung im Meßtischblatt in der Natur innerhalb eines 50 m breiten Streifens schwanken. Bei dieser Ungenauigkeit kann man nicht feststellen, ob und wie ein einzelnes Grundstück von einer Trasse in Anspruch genommen wird. Eben deshalb nennt man die auf dem Meßtischblatt eingetragene Trasse die Grobtrasse. Die Festlegung der Trasse für jedes einzelne Grundstück kann erst in der 4. Stufe des Verfahrens, also beim Regierungspräsidenten, erfolgen; dieser verfügt dazu über einen Katasterplan 1 : 1 000. Erst hier kann man für jedes einzelne Grundstück die Erforderlichkeit der Enteignung ermitteln. Der Wirtschaftsminister prüft, weil er nur über das Meßtischblatt verfügt, die Erforderlichkeit der Enteignung „ins Blaue hinein"[175]).

Zusammenfassend ergibt sich damit, daß das Wirtschaftsministerium im Verfahren nach § 11 Abs. 1 EnWG bei der Prüfung der generellen Zulässigkeit der Enteignung nicht prüfen darf, ob das EVU Verhandlungen mit einzelnen Grundstückseigentümern über eine vertragliche Regelung geführt hat und ob es dabei eine angemessene Entschädigung angeboten hat.

---

[170]) KELLER, a. a. O., S. 162.

[171]) SCHEUTEN, a. a. O., 280.

[172]) SCHEUTEN, a. a. O.; KELLER, a. a. O., S. 164 f.

[173]) Vgl. z. B. §§ 24 ff. Pr.EnteignungsG; Art. 12 Bayerisches Gesetz über die Enteignung aus Gründen des Gemeinwohls vom 1. 8. 1933, GVBl. S. 217 i. d. F. vom 9. 12. 1943, GVBl. 1944, S. 1.

[174]) KELLER, a. a. O., S. 164 f.

[175]) KELLER, a. a. O., S. 163; vgl. auch SCHEUTEN, a. a. O., 280.

C. Rechtsschutz

Die generelle Feststellung nach § 11 Abs. 1 EnWG ist ein nur das antragstellende EVU begünstigender Verwaltungsakt, der einen öffentlichrechtlichen Anspruch auf Durchführung des formellen Enteignungsverfahrens gewährt[176]). Wird dem EVU die Feststellung versagt, so kann es nach § 42 VwGO Verpflichtungsklage erheben auf Feststellung der Zulässigkeit der Enteignung.

Ob die Enteignungsvoraussetzungen für das einzelne Grundstück vorliegen, kann, wie dargelegt[177]), nicht im Verfahren nach § 11 Abs. 1 EnWG entschieden werden. Die betroffenen Grundstückseigentümer werden in diesem Verfahren nicht gehört, und der Feststellungsbeschluß wird ihnen nicht zugestellt. Die Feststellung der Zulässigkeit ist daher ihnen gegenüber kein Verwaltungsakt; sie können ihn nicht anfechten[178]).

4. Kapitel

4. Stufe: Durchführung der Enteignung nach § 11 Abs. 2 EnWG in Verbindung mit den Landesenteignungsgesetzen

A. Zuständigkeit

In der 4. Stufe wird nun das Enteignungsverfahren praktisch durchgeführt, und zwar von den Regierungspräsidenten. Die Begründung für deren Zuständigkeit ist umstritten:

§ 11 Abs. 2 EnWG verweist für das Enteignungsverfahren auf die Landesgesetze. Daraus schließen manche, daß die Enteignungsbehörden der Länder und nicht die Energieaufsichtsbehörden zuständig seien[179]). Eine andere Meinung hält die Energieaufsichtsbehörden deshalb für zuständig, weil sie nach Art. 129 Abs. 1 Satz 1 GG an die Stelle des Reichswirtschaftsministers getreten seien[180]). § 11 Abs. 2 EnWG ist demgemäß so zu lesen, „daß die (endgültige) Entscheidung über die Zulässigkeit der Inanspruchnahme der Grundstücke zur Ausführung von Vorarbeiten und über die Art der Durchführung und den Umfang der Enteignung (soweit sie nicht in einem Verwaltungsstreitverfahren ergeht) die zuständigen Energieaufsichtsbehörden der Länder treffen"[181]). Aber auch nach dieser Ansicht kann die Energieaufsichtsbehörde ihre Entscheidungsbefugnis auf eine andere Behörde delegieren, soweit die Landesgesetze das zulassen[182]).

---

[176]) WAGNER, a. a. O., 200; KELLER, a. a. O., S. 168 ff.; JOACHIM, Rechtsprobleme beim Bau von Pipelines, Sonderdruck aus Haus der Technik — Vortragsveröffentlichungen Heft 303 „Symposium Rohrleitungstechnik — Rohrleitungen für den Ferntransport —", unter 2.2.2. A.M. zur Enteignungsanordnung nach § 2 Pr.EnteignungsG NEUFANG, Die Anfechtbarkeit der Enteignungsanordnung, DVBl. 1951, 108 f.; JOACHIM, Die Rechtsnatur der Enteignungsanordnung, DVBl. 1959, 388 ff., nimmt eine innerdienstliche Weisung an und hält das heute jedenfalls insoweit aufrecht, als es sich nicht um Versorgungsunternehmen, sondern um merkantile Unternehmen handelt.

[177]) Oben B.

[178]) WAGNER, a. a. O.; KELLER, a. a. O., S. 180 f.; JOACHIM, Rechtsprobleme beim Bau von Pipelines, a. a. O.

[179]) So BayVGH, RbE 1961, 77, 80 und BayVBl. 1963, 156; 1964, 276; WAGNER, a. a. O., 2000; KELLER, a. a. O., S. 190 f.; FISCHERHOF, a. a. O., § 11 EnWG Anm. II; LUDWIG-CORDT-STECH, a. a. O., § 11 EnWG Anm. 4.

[180]) BVerwG, RbE 1967, 77, 79; 1970, 6; zustimmend EISER-RIEDERER-HLAWATY, I S. 261 ff.

[181]) BVerwG, RbE 1967, 77, 79. — Die im Text in Klammern gesetzten Teile der Vorschrift sind außer Kraft getreten. Im Hinblick auf das Wort „endgültig" ergibt sich das aus § 22 Abs. 2 des früheren Gesetzes über die Verwaltungsgerichtsbarkeit vom 25. 9. 1946; der Satzteil „soweit . . ." ist gegenstandslos geworden, weil die Entscheidung nach § 11 Abs. 2 EnWG in keinem Fall mehr „in einem Verwaltungsstreitverfahren" ergeht (BVerwG, a. a. O.).

[182]) BVerwG, RbE 1967, 77, 79 f.; 1970, 6. — a. M. EISER-RIEDERER-HLAWATY, I S. 262a ff.

B. Verweisung auf die Landesgesetze

Regelmäßig gliedert sich das landesrechtliche Enteignungsverfahren in vier Abschnitte: Verleihung des Enteignungsrechts, Planfeststellungsverfahren, Entschädigungsverfahren und Vollziehung der Enteignung[183]. Dem ersten Abschnitt, der Verleihung des Enteignungsrechts, entspricht die Feststellung der Zulässigkeit der Enteignung nach § 11 Abs. 1 EnWG. Damit bleiben für das landesrechtliche Verfahren, auf das § 11 Abs. 2 EnWG verweist, nur noch die anderen drei Abschnitte Planfeststellungsverfahren, Entschädigungsverfahren und Vollziehung der Enteignung[184]. Zur Durchführung der Enteignungsverfahren haben sich einige Länder Enteignungsrichtlinien gegeben, die aber in den einzelnen Ländern unterschiedlich sind[185]. Wenngleich § 11 Abs. 2 EnWG nur vom „Verfahren" der Landesgesetze spricht, liegt darin doch eine Verweisung auch auf das materielle Enteignungsrecht der Länder[186].

Demgemäß wird der Plan für die Enteignung zunächst auf einem Katasterblatt im Maßstab 1 : 1 000 vorläufig festgestellt und alsdann zur Einsicht für die Betroffenen ausgelegt. Danach verhandelt der Regierungspräsident in einem Erörterungstermin mit den Betroffenen über Einwendungen gegen den Plan und gegen eine vorläufige Besitzeinweisung. Das soll nach Möglichkeit zu einer Einigung zwischen den Grundstückseigentümern und dem EVU führen und die Enteignung so überflüssig machen. Soweit die Grundstückseigentümer obligatorische Gestattungsverträge anbieten, kommt es darauf an,

---

[183] WAGNER, a. a. O., 199.

[184] Vgl. dazu:
(Badisches) Enteignungsgesetz vom 26. 6. 1899, GVBl. S. 359;
(Bayerisches) Gesetz vom 17. 11. 1837, Die Zwangsabtretung von Grundeigentum für öffentliche Zwecke betr., GBl. S. 109, zuletzt geändert durch Gesetz vom 27. 3. 1952, GVBl. S. 123;
(Bayerisches) Gesetz über die Enteignung aus Gründen des Gemeinwohls vom 1. 8. 1933, GVBl. S. 217, i. d. F. vom 9. 12. 1943, GVBl. 1944, S. 1;
Berliner Enteignungsgesetz vom 14. 7. 1964, GVBl. S. 737;
(Braunschweigische) Neue Landschaftsordnung vom 11. 10. 1832, GuVS S. 191, i. d. F. vom 27. 5. 1939, GuVS S. 41;
Enteignungsgesetz für die Freie Hansestadt Bremen vom 5. 10. 1965, GVBl. S. 129;
Hamburgisches Enteignungsgesetz vom 14. 6. 1963, GVBl. S. 77;
(Hessisches) Gesetz die Enteignung betreffend vom 26. 7. 1884, zuletzt geändert durch Gesetz vom 10. 4. 1941, RegBl. S. 21;
(Oldenburgisches) Enteignungsgesetz vom 21. 4. 1897, GBl. S. 541;
(Preußisches) Gesetz über die Enteignung von Grundeigentum vom 11. 6. 1874, GS. S. 221, in NRW zuletzt geändert durch Gesetz vom 28. 11. 1961, GVBl. S. 305;
(Rheinland-Pfälzisches) Landesenteignungsgesetz vom 22. 4. 1966, GVBl. S. 103;
(Württemberg.) Gesetz betr. die Zwangsenteignung von Grundstücken und von Rechten an Grundstücken vom 30. 12. 1888, RegBl. S. 446.

[185] Vgl. dazu:
Bayern: Erlaß des Bayerischen Staatsministeriums für Wirtschaft und Verkehr vom 5. 2. 1970, Az. 7493 f — IV/2a — 63124, veröffentlicht in der RbE 1970, 5;
Hessen: Enteignungsrichtlinien vom 26. 4. 1962, veröffentlicht im Staatsanzeiger für das Land Hessen Nr. 19/1962, S. 636 ff.;
Niedersachsen: Richtlinien vom 30. 1. 1964 bzw. 20. 7. 1964, veröffentlicht im niedersächsischen Ministerialblatt Nr. 8/1964, S. 129, bzw. Nr. 28/1964, S. 691;
Nordrhein-Westfalen: Richtlinien vom 20. 8. 1960, veröffentlicht im Ministerialblatt NRW 1960, S. 2, 346;
Rheinland-Pfalz: Runderlaß des Ministers für Wirtschaft und Verkehr vom 2. 11. 1966, veröffentlicht im bereinigten Ministerialblatt des Landes Rheinland-Pfalz, 1969, Band II, Spalte 217 ff. (vgl. ferner den Erlaß des Ministeriums des Inneren (nicht veröffentlicht) vom 4. 8. 1966, gerichtet an die Bezirksregierungen in Koblenz, Montabaur und Trier, Az. 153 — 10/4).

[186] BVerwG, RbE 1967, 77, 80.

ob diese Verträge für das EVU zumutbar sind. Wenn die Grundstückseigentümer eine vom EVU angebotene Entschädigung ablehnen, ist ausschlaggebend, ob das Angebot des EVU hoch genug war. Die Höhe der Entschädigung ist aufgrund der Rechtsprechung so gestiegen, daß dieser Posten etwa bei den Gasleitungen heute schon bei Leitungen mittlerer Dimensionen 10—20 % der Gesamtkosten des Leitungsbaus ausmacht. Besteht das EVU auf der Enteignung, muß es den Nachweis solcher gescheiterter Güteverhandlungen führen[187]).

Anschließend ergeht ein (enteignungsrechtlicher) Planfeststellungsbeschluß. Wesentlicher Bestandteil des Beschlusses ist ein Plan im Maßstab 1 : 1 000, so daß jeder Grundstückseigentümer genau feststellen kann, inwieweit sein Grundstück beansprucht wird. — Meist ergeht gleichzeitig ein Beschluß über die vorläufige Einweisung des EVU in den Besitz derjenigen Grundstücke, die im Planfeststellungsbeschluß bezeichnet sind. — Beide Beschlüsse werden meist nach § 80 VwGO für sofort vollziehbar erklärt[188]). Sie werden allen betroffenen Grundstückseigentümern zugestellt.

C. Rechtsschutz

Gegen die beiden Beschlüsse kann ein betroffener Grundstückseigentümer nach § 42 VwGO Anfechtungsklage erheben. Gegen die spätere Festsetzung der Entschädigung kann er nach Art. 14 Abs. 3 Satz 4 GG vor den ordentlichen Gerichten klagen. Lehnt der Regierungspräsident es ab, jene beiden Beschlüsse zuzulassen, so kann das EVU nach § 42 VwGO Verpflichtungsklage erheben. Gegen die Höhe der später festgesetzten Entschädigungssumme kann das EVU ebenfalls nach Art. 14 Abs. 3 Satz 4 GG vor den ordentlichen Gerichten Klage erheben.

D. Folgerungen

I. Verbindlichwerden der Trasse durch das ungeeignete Mittel der Enteignung

Ursprünglich hatte das Enteignungsverfahren zwei verschiedene Funktionen: Es ließ den Plan gegenüber allen Betroffenen rechtsverbindlich werden, und es diente dem Zwangserwerb der notwendigen Grundstücksrechte[189]). In den neueren Gesetzen, die sich mit überörtlichen Anlagen befassen, wird die Rechtsverbindlichkeit in einem vom Enteignungsverfahren unabhängigen Verfahren festgestellt, dem Planfeststellungsverfahren. Das Enteignungsrecht dient dann nur noch zur Präzisierung und Durchführung der Planung[190]). Da das Energiewirtschaftsgesetz ein solches Planfeststellungsverfahren nicht vorsieht, bleiben die Planung der EVU und die Landesplanung in den Stufen 1—3 unverbindlich und fordern die Grundstückseigentümer erst in der Stufe 4 dazu heraus, jede gütliche Vereinbarung über die Grundstücksbenutzung abzulehnen und eine Verlegung der vorgesehenen Trasse anzustreben.

Die EVU sind also auf die zwangsweise Enteignung angewiesen. Sie können auch nur so erreichen, daß die Trasse rechtsverbindlich wird[191]). In den meisten Fällen wird nicht so sehr deshalb enteignet, um die Grundstücksbenutzungsrechte zu erlangen, als vielmehr,

---

[187]) WAGNER, a. a. O., 200.

[188]) Manche Enteignungsbehörden meinen, daß jeder Besitzeinweisungsbeschluß schon als solcher sofort vollziehbar sei, jedenfalls sofern der Planfeststellungsbeschluß sofort vollziehbar ist.

[189]) WAGNER, a. a. O., 199.

[190]) SCHEUTEN, a. a. O., 279.

[191]) SCHEUTEN, a. a. O., 277.

30

um die Trasse auch den Grundstückseigentümern gegenüber rechtsverbindlich festzulegen. Sobald das durch den (enteignungsrechtlichen) Planfeststellungsbeschluß einmal erreicht ist, sind über 90 % der Betroffenen bereit, die Grundstücksbenutzung mit den EVU vertraglich zu regeln[192]. „Die EVU planen mit mangelhaften rechtlichen Mitteln; deshalb müssen die EVU enteignen, um zu planen, obwohl die Enteignung heute kein Planungs-, sondern nur noch ein Sicherungsmittel ist"[193]. Das gesamte Verfahren führt dazu, daß man den Leitungsbau nicht mehr zeitlich kalkulieren und nicht mehr sagen kann, wann eine Leitung baureif ist. Das ist aber nötig, weil der eigentliche Leitungsbau, soll er rationell durchgeführt werden, eine präzise, generalstabsmäßige Vorbereitung erfordert, damit die einzelnen Arbeitsgänge ohne Friktion ineinandergreifen können.

II. Unzureichende Berücksichtigung der Interessen der Grundstückseigentümer

Die Grundstückseigentümer werden erst in der Stufe 4, dem Verfahren nach § 11 Abs. 2 EnWG, beteiligt. Man müßte sie aber schon bei der Stufe 2 beteiligen, sollen sie eine Chance haben, Einfluß auf die Planung zu nehmen[194]. Jetzt sind sie uninformiert, sehen sich vor vollendete Tatsachen gestellt und lassen es deshalb lieber auf eine Enteignung ankommen, um „ihr Recht zu finden"[195]. Um so größer ist ihre Enttäuschung, wenn sie dann erfahren, daß alle öffentlichen Stellen schon zugestimmt haben und daß die Linienführung der Leitung praktisch nicht mehr zu ändern ist. Zahllose und regelmäßig aussichtslose Anfechtungsklagen vor den Verwaltungsgerichten und Entschädigungsprozesse vor den Zivilgerichten sind die Folge[196]. Selbst wenn die EVU Wünschen der Grundstückeigentümer nachgeben wollen, können sie das nicht, weil jede Änderung der Trasse regelmäßig dazu führt, daß das vorangegangene Verfahren, insbesondere die landesplanerische Abstimmung auf der Stufe 2, wiederholt werden muß.

---

[192]) SCHEUTEN, a. a. O.
[193]) SCHEUTEN, a. a. O., 278.
[194]) SCHEUTEN, a. a. O., 276.
[195]) SCHEUTEN, a. a. O.
[196]) SCHEUTEN, a. a. O.

2. Teil
Verfahren bei anderen Bauvorhaben

Das Problem, das die Verlegung elektrischer Leitungen aufgibt, ist nicht neu. Es stellt sich gleichermaßen bei Straßen, Kanälen, Eisenbahnlinien usw. Hier hat man schon lange vor dem Beginn des Baues von Energieleitungen mit dem Planfeststellungsverfahren eine Methode entwickelt, die manche Nachteile vermeidet, die der jetzige Rechtszustand für die Energieleitungen aufweist. Es ist daher zu fragen, ob es rechtspolitisch geboten ist, das Planfeststellungsverfahren auszudehnen auf die Energieleitungen. Dazu sind zunächst die jetzigen Anwendungsfälle des Verfahrens aufzuzeigen und seine Wirkungen darzustellen.

1. Kapitel
Fälle eines Planfeststellungsverfahrens

A. Landstraßen

Für die Bundesfernstraßen gilt das Bundesfernstraßengesetz (FStrG). Nach § 17 Abs. 1 Satz 1 FStrG ist ein Planfeststellungsverfahren durchzuführen, wenn Bundesfernstraßen neu gebaut oder geändert werden, es sei denn, wie § 17 Abs. 2 FStrG sagt, daß eine Änderung oder Erweiterung nur unwesentlich ist.

Die beiden Wirkungen des Planfeststellungsverfahrens sind die Konzentrations- und die Feststellungswirkung. Sie sind in § 17 Abs. 1 FStrG festgelegt.

Nach dessen Satz 2 ersetzt die Planfeststellung alle nach anderen Rechtsvorschriften notwendigen öffentlichrechtlichen Genehmigungen, Verleihungen, Erlaubnisse und Zustellungen. Die für den Bau von Energieleitungen notwendige Vielzahl von Verwaltungsakten wird also bei einer Planfeststellung in einen einzigen Verwaltungsakt, in eben die Planfeststellung, konzentriert. Ein Rechtsstreit kann sich daher nur um diesen einen Verwaltungsakt drehen.

Nach § 17 Abs. 1 Satz 3 FStrG regelt die Planfeststellung alle öffentlichrechtlichen Beziehungen zwischen dem Träger der Straßenbaulast und den durch den Plan Betroffenen rechtsgestaltend. Das ist die sog. Feststellungswirkung. Dem entspricht § 17 Abs. 6 FStrG: Änderungs- und Beseitigungsansprüche gegenüber festgestellten Anlagen sind ausgeschlossen, wenn der Plan rechtskräftig festgestellt ist.

Dem entspricht eine Konzentration auch des Verfahrens: Die höhere Verwaltungsbehörde des Landes führt nach § 18 Abs. 1 FStrG die Stellungnahme aller beteiligten Behörden des Bundes, der Länder, der Gemeinden und der übrigen Beteiligten herbei. Der Plan wird bei den Gemeinden ausgelegt, und Einwendungen gegen ihn sind bei der höheren Verwaltungsbehörde zu erheben. Nach einer Erörterung bei dieser stellt dann die oberste Landesstraßenbaubehörde den Plan fest. Bei Meinungsverschiedenheiten zwischen den beteiligten Behörden ist die Weisung des Bundesministers für Verkehr einzuholen.

Nach § 38 BBauG geht die Planfeststellung den Bebauungsplänen der Gemeinden vor[197]).

Das Bundesfernstraßengesetz hat die später erlassenen Landesstraßengesetze beeinflußt. So finden sich Planfeststellungsverfahren in den Landesstraßengesetzen der Bundesländer außer Berlin, Bremen und Hamburg.

---

[197]) Vgl. 2. Kap., C.

Die Ausgestaltung der Planfeststellung in den Landesstraßengesetzen stimmt mit der Regelung des Bundesfernstraßengesetzes überein[198]).

B. Sonstige Straßen im weiteren Sinne

Für den Bau von Straßenbahnen kennt das Personenbeförderungsgesetz vom 21. 3. 1961[199]) in seinen §§ 28 ff. ein Planfeststellungsverfahren, das dem des Bundesfernstraßengesetzes entspricht.

Nach § 36 Bundesbahngesetz vom 13. 12. 1951[200]) dürfen neue Anlagen der Deutschen Bundesbahn nur gebaut werden, wenn vorher der Plan festgestellt ist. Die Planfeststellung entspricht der Regelung des Bundesfernstraßengesetzes[201]). Neben den dem Bundesrecht unterliegenden Eisenbahnlinien bestehen andere, dem öffentlichen Verkehr dienende Eisenbahnen, welche wegen der geringen Bedeutung für den allgemeinen Eisenbahnverkehr dem Eisenbahngesetz nicht unterliegen[202]). Das preußische Kleinbahngesetz galt in den ehemals preußischen Bundesländern bis zum Erlaß der jeweiligen Landeseisenbahngesetze fort. In Berlin und im Saarland, die kein Landeseisenbahngesetz erlassen haben, gilt es in Verbindung mit dem Preußischen Eisenbahngesetz von 1838[203]). In Bremen gilt nur das Allgemeine Eisenbahngesetz vom 29. 3. 1951[204]). Soweit Bundesländer ein Landeseisenbahngesetz erlassen haben, haben sie darin meist ein Planfeststellungsverfahren mit Konzentrations- und Feststellungswirkung normiert[205]). Das Württembergisch-Badische Landeseisenbahngesetz (Gesetz Nr. 87) vom 6. Juli 1951[206]) sieht in § 11 nur ein enteignungsrechtliches Planfeststellungsverfahren vor, in dem es wegen der Planfeststellung

---

[198]) Straßengesetz für Baden-Württemberg vom 20. März 1964, GBl. S. 127, in der Fassung vom 12. 5. 1970 (GBl. S. 157), §§ 37—42;
Bayerisches Straßen- und Wegegesetz in der Fassung der Bekanntmachung vom 25. 4. 1968 (GVBl. S. 64), Art. 35—40;
Hessisches Straßengesetz vom 9. Oktober 1962 (GVBl. S. 437), §§ 33—36;
Niedersächsisches Straßengesetz vom 14. 12. 1967 (GVBl. S. 251), §§ 38—42;
Straßengesetz des Landes Nordrhein-Westfalen vom 28. 11. 1961 (GVBl. S. 305), §§ 38—42;
Landesstraßengesetz für Rheinland-Pfalz vom 15. 2. 1963 (GVBl. S. 57), §§ 5—9;
Saarländisches Straßengesetz vom 17. 12. 1946 (ABl. 1965, S. 117), §§ 39—44;
Straßen- und Wegegesetz des Landes Schleswig-Holstein vom 22. Juni 1962 (GVBl. S. 237), §§ 40—44.

[199]) BGBl. I S. 241.

[200]) BGBl. I S. 955.

[201]) Vgl. RGZ 139, 147; FINGER, Eisenbahngesetze, 3. Aufl. 1952, § 36 BundesbahnG Anm. 1 b.

[202]) Vgl. schon das preußische Gesetz über Kleinbahnen und Privatanschlußbahnen vom 28. 7. 1892 (GS S. 225).

[203]) Gesetz über die Eisenbahnunternehmungen vom 3. 11. 1838, GS S. 505.

[204]) BGBl. I S. 225.

[205]) Bayern: Gesetz über die Rechtsverhältnisse der nicht zum Netz der Deutschen Bundesbahn gehörenden Eisenbahnen und Bergbahnen in Bayern (Bayerisches Eisenbahn- und Bergbahngesetz) vom 17. 11. 1966, GVBl. S. 429, Art. 5 Abs. 2, 24 Abs. 2;
Hamburg: Landeseisenbahngesetz (LEG) vom 4. 11. 1963 (GVBl. S. 39), §§ 14—16;
Hessen: Gesetz über Eisenbahnen und Bergbahnen vom 7. 7. 1967 (GVBl. S. 127), §§ 6, 7;
Niedersachsen: Gesetz über Eisenbahnen und Bergbahnen (GEB) vom 16. 4. 1957 (GVBl. S. 39, 772), § 14;
Rheinland-Pfalz: Landesgesetz über Eisenbahnen, Bergbahnen und Seilschwebebahnen vom 13. 3. 1961 (GVBl. S. 87), § 14;
Schleswig-Holstein: Landeseisenbahngesetz vom 16. 10. 1956 (GVBl. S. 195), §§ 14, 15.

[206]) RegBl. S. 49, ausgedehnt auf die Regierungsbezirke Südbaden und Südwürttemberg-Hohenzollern durch das Baden-Württembergische Gesetz über die Ausdehnung des Württembergisch-Badischen Landeseisenbahngesetzes vom 1. März 1954, GBl. S. 30.

auf die Bestimmungen des dritten Titels des Zwangsenteignungsgesetzes verweist. Das Landeseisenbahngesetz von Nordrhein-Westfalen[207]) beschränkt in § 13 Abs. 2 die Wirkung des eisenbahnrechtlichen Planfeststellungsverfahrens auf die rechtsgestaltende Regelung der öffentlichrechtlichen Beziehungen zwischen dem Unternehmer und den durch den Plan Betroffenen.

Das Wasserhaushaltsgesetz[208]), das Bundeswasserstraßengesetz[209]) und sämtliche Landeswassergesetze kennen ein Planfeststellungsverfahren, das die Verfahrenskonzentration anordnet[210]). Manche Bundesländer[211]) treffen in ihren Landeswassergesetzen eine ausdrückliche Kollisionsregel, indem sie die Konzentrationswirkung des landesrechtlichen Planfeststellungsverfahrens auf andere landesrechtliche Verfahren beschränken.

Das hamburgische Wassergesetz bestimmt in § 48 Abs. 5, daß die Konzentrationswirkung des Planfeststellungsverfahrens solche Genehmigungen nicht mit umfassen soll, die zwar von Landesbehörden, jedoch in Auftragsverwaltung des Bundes erteilt werden.

Für die übrigen Landesgesetze ergibt sich das aus der Verteilung der Kompetenzen zwischen Bund und Ländern nach Art. 83, 84 Abs. 1, 85 Abs. 1, 86 und 87 GG in Verbindung mit Art. 70—75 GG.

Die Feststellungswirkung des Planfeststellungsverfahrens ergibt sich aus den Bestimmungen der Landeswassergesetze nur inzidenter, nämlich aus den sog. Einordnungsnormen, die die Einordnung des festgestellten Vorhabens in seine Umgebung und den Ausgleich von Schäden, die durch das Unternehmen entstanden sind, zum Gegenstand haben[212]).

Grundlage der Planfeststellung für Telegrafenwege sind §§ 7—10 des Telegrafenwegegesetzes vom 18. 12. 1899[213]) und das Gesetz zur Vereinfachung des Planverfahrens für Fernmeldelinien vom 24. 9. 1935[214]).

---

[207]) Landeseisenbahngesetz vom 5. Februar 1957 (GVBl. S. 11).

[208]) Geetz zur Ordnung des Wasserhaushaltes vom 27. Juli 1957 (BGBl. I S. 1110).

[209]) Vom 2. April 1968 (BGBl. II S. 173).

[210]) Bayern: Bayerisches Wassergesetz vom 26. Juli 1962 (GVBl. S. 143), Art. 58;
Baden-Württemberg: Wassergesetz für Baden-Württemberg vom 25. 2. 1960 (GBl. S. 17), § 64;
Berlin: Berliner Wassergesetz vom 23. Februar 1960 (GVBl. S. 133), § 54;
Bremen: Bremisches Wassergesetz vom 13. März 1962 (GBl. S. 59), § 104;
Hamburg: Hamburgisches Wassergesetz vom 20. Juni 1960 (GVBl. S. 335), § 48;
Hessen: Hessisches Wassergesetz vom 6. Juli 1960 (GVBl. S. 69), §§ 59, 60, 61;
Niedersachsen: Niedersächsisches Wassergesetz vom 7. Juli 1960 (GVBl. S. 105), §§ 100 Ab. 2, 101, 104 Abs. 1 Satz 1;
Nordrhein-Westfalen: Wassergesetz für das Land Nordrhein-Westfalen vom 22. Mai 1962 (GVBl. S. 235), §§ 62, 64—67 Abs. 1;
Rheinland-Pfalz: Landeswassergesetz des Landes Rheinland-Pfalz vom 1. August 1960 (GVBl. S. 153), §§ 70—74;
Saarland: Saarländisches Wassergesetz vom 28. Juni 1960 (ABl. S. 511), §§ 60—62, 64, 65;
Schleswig-Holstein: Wassergesetz des Landes Schleswig-Holstein vom 25. Februar 1960 (GVBl. S. 39), § 56.

[211]) Bremen, Niedersachsen und Nordrhein-Westfalen.

[212]) Vgl. SIEDER-ZEITLER, a. a. O., § 31 WHG Anm. 24 a.E.

[213]) RGBl. S. 705.

[214]) RGBl. I S. 1177 mit DVO vom 10. 10. 1935, RGBl. I S. 1236.

34

Zwar fehlt hier ein Planungsfeststellungsbeschluß. Aber das Telegrafenwegegesetz bestimmt in § 8 Abs. 1, daß die Deutsche Bundespost zur Ausführung des Planes befugt ist, wenn die Beteiligten nicht innerhalb bestimmter Frist Einspruch einlegen. Daraus folgt, daß auch das Planfeststellungsverfahren nach § 7 Telegrafenwegegesetz endgültig über die öffentlichrechtlichen Interessen der Beteiligten entscheidet und alle öffentlichrechtlichen Genehmigungen, Verleihungen und Zustimmungen ersetzt. Der Grund für das Fehlen eines Planfeststellungsbeschlusses ist, daß die hier vorkommenden Eingriffe in fremde Rechtssphären nicht so einschneidend sind wie bei anderen Planfeststellungsverfahren[215]).

C. Nichtstraßen

Das Luftverkehrsgesetz vom 4. 11. 1968[216]) läßt die Neuanlage von Flughäfen nur zu, wenn entsprechend §§ 8 ff. LuftVG ein Planfeststellungsverfahren durchgeführt ist, das dem des Straßenrechts entspricht.

Auch das Flurbereinigungsgesetz vom 14. Juli 1953[217]) kennt ein Planfeststellungsverfahren. Nach § 41 Flurbereinigungsgesetz stellt die Flurbereinigungsbehörde einen Plan auf, der über die gemeinschaftlichen und die öffentlichen Anlagen, insbesondere über die Einziehung, Änderung oder Neuausweisung öffentlicher Wege und über die wasserwirtschaftlichen, bodenverbessernden und landschaftsgestaltenden Anlagen Auskunft gibt (Wege- und Gewässerplan).

Wenn auch die rechtliche Konstruktion der flurbereinigungsrechtlichen Planfeststellung streitig ist[218]), so ist man sich doch einig, daß das flurbereinigungsrechtliche Planfeststellungsverfahren Feststellungs- und Konzentrationswirkung entfaltet und damit als Planfeststellungsverfahren im oben entwickelten Sinne anzusehen ist[219]).

Schließlich ist noch auf das in § 7 des Gesetzes über die Beseitigung von Abfällen (Abfallbeseitigungsgesetz-AbfG) vom 7. 6. 1972[220]) vorgesehene Planfeststellungsverfahren hinzuweisen.

2. Kapitel
Wirkungen der Planfeststellung
A. Wirkungen gegenüber der öffentlichen Hand
I. Konzentrationseffekt

Die wichtigsten Genehmigungen, die ein Planfeststellungsverfahren ersetzen kann, stammen aus dem Baurecht nach den Landesbaugesetzen, dem Sicherheitsrecht (z. B. nach dem Bergrecht oder Gewerberecht), dem Reichsnaturschutzgesetz, dem Straßen-, Eisenbahn- und Luftverkehrsrecht, dem Zollrecht und dem Schutzbereichgesetz.

Das zeigt, daß ein bundesstaatliches Planfeststellungsverfahren zusammenfallen kann mit einer landesrechtlichen Genehmigungsbedürftigkeit und ein landesrechtliches Planfeststellungsverfahren mit einer bundesrechtlichen Genehmigungsbedürftigkeit. Wenn ein Planfeststellungsverfahren bundesrechtlich geregelt ist, so kann es durchgeführt werden in

---

[215]) Aubert, Fernmelderecht, 2. Aufl. 1962, S. 320 f.
[216]) BGBl. I S. 1113.
[217]) BGBl. I S. 591.
[218]) Vgl. Hiddemann, Die Planfeststellung im Flurbereinigungsgesetz, Diss. Münster 1970.
[219]) Vgl. Hiddemann, a. a. O., S. 49 f. m. w. N.
[220]) BGBl. I S. 873.

bundeseigener Verwaltung (Bundesbahn, Telegrafenwege), von den Landesbehörden in Bundesauftragsverwaltung (Bundesstraßen, Verkehrsflughäfen) oder von den Landesbehörden als landeseigene Angelegenheit (Straßenbahnanlagen nach dem Personenbeförderungsgesetz und Anlagen nach dem Flurbereinigungsgesetz). Eine Planfeststellung kann auf ein bundesrechtliches Rahmengesetz und ein Landesausführungsgesetz zurückgehen und in landeseigener Verwaltung durchgeführt werden (Ausbauplanfeststellung nach dem Wasserhaushaltsgesetz und den Landeswassergesetzen).

Die landesrechtlichen Planfeststellungen werden von den Landesbehörden durchgeführt (Vorhaben nach den Landeseisenbahn- und Landesstraßengesetzen).

Die durch das Planfeststellungsverfahren zu ersetzenden Genehmigungen und Zustimmungen können bundesrechtlich geregelt sein und von einer Bundesbehörde oder von einer Landesbehörde zu erlassen sein.

Die landesrechtlichen Genehmigungen werden von den Landesbehörden erteilt.

Es ist demnach zu fragen, wie die Planfeststellung auf Genehmigungen wirkt, für deren Erteilung die Planfeststellungsbehörde keine Kompetenz besitzt. In einigen landesrechtlichen Planfeststellungsverfahren ist das in der Weise geregelt, daß die Ersetzungswirkung auf landesrechtliche Genehmigungen beschränkt wird.

Umgekehrt erstreckt sich in Bayern die Ersetzungswirkung der bundesrechtlichen Planfeststellung nach dem Bundesfernstraßengesetz auch auf landesrechtliche Akte, wie Art. 74 Bayerisches Straßen- und Wegegesetz anordnet.

Für die Fälle, in denen das Gesetz das Verhältnis zwischen Planfeststellung und Genehmigung nicht ausdrücklich regelt, ist die Rechtslage im Schrifttum umstritten, insbesondere was das Verhältnis zwischen Bundesrecht und Landesrecht anlangt. So vertritt DEPPE[221] die Auffassung, daß eine bundesrechtliche Planfeststellung eine landesrechtliche Genehmigung nicht ersetzen könne und eine landesrechtliche Planfeststellung nicht eine bundesrechtliche Genehmigung. Seiner Ansicht nach beschränkt sich die Konzentrationswirkung der Planfeststellung also auf die Rechtsmasse, zu der die Planfeststellung selbst gehört, also entweder auf Bundesrecht oder auf Landesrecht. Für die bundesrechtliche Planfeststellung macht Deppe eine Ausnahme nur für die Planfeststellung im Bereich der Bundesbahn: Hier will er aufgrund einer historischen Interpretation unter Hinweis auf eine gesetzeskräftig ergangene Entscheidung des Reichsgerichts[222] eine Konzentrationswirkung auch für landesrechtliche Genehmigungen annehmen.

DEPPE setzt sich aber mit seiner grundsätzlichen Auffassung in Widerspruch zum Zweck des Planfeststellungsverfahrens, in einem nach außen einheitlichen Verfahren nicht nur über einige, sondern über sämtliche öffentlichrechtlichen Belange zu entscheiden[223].

Andere Autoren nehmen an, daß Bund und Land an ihr beiderseitiges Recht wechselseitig gebunden seien, weil das Grundgesetz bundesstaatlich strukturiert sei[224]. Dagegen

---

[221] Die absorptiven Wirkungen der Planfestellung im Bundesbahn- und Fernstraßengesetz und die bundesstaatliche Ordnung, 1957, S. 87 ff.

[222] RGZ 139, 136 = RGBl. 1933, I S. 95.

[223] So schon Preußisches Oberverwaltungsgericht im Beschluß vom 10. 1. 1935, PrOVGE 95, 79, 181.

[224] MAUNZ in: Maunz-Dürig-Herzog, Grundgesetz, 1969 ff., Art. 89 Anm. 12 a. E.; KÖTTGEN, Der Einfluß des Bundes auf die deutsche Verwaltung und die Organisation der bundeseigenen Verwaltung, JbÖffR n.F. Bd. 3, S. 67 ff., 84 f.; Salzwedel, Der Entwurf des Bundeswasserstraßengesetzes (Bundesratsdrucksache, 241/65) und die Länderkompetenzen, ZfW 1965, 92 ff, 93.

wendet sich KÖLBLE[225]) mit der Begründung, der Bund sei als Oberstaat den Gliedstaaten grundsätzlich übergeordnet und könne daher nicht an Landesrecht gebunden sein. Aber das Grundgesetz geht in den Art. 30, 70 und 83 davon aus, daß die Ausübung der Staatsgewalt in erster Linie Sache der Länder ist. Der Bund ist den Ländern grundsätzlich nur in den von der Verfassung genannten Bereichen übergeordnet[226]).

HIDDEMANN meint[227]), die Planfeststellung trete an die Stelle der nach anderen Vorschriften erforderlichen Genehmigungen und erteile dabei nicht diese Genehmigungen selbst, sondern befreie von den Genehmigungsvorbehalten. Das will Hiddemann aus einer Verbalinterpretation des Wortes „ersetzen" herleiten, das regelmäßig zur Umschreibung der Planfeststellungswirkungen verwendet wird. Er beruft sich für seine Ansicht auf den Musterentwurf eines Verwaltungsverfahrensgesetzes[228]).

Aber das würde den Betroffenen einen Teil der ihnen gesetzlich zugestandenen Rechtspositionen nehmen, und deshalb muß man die Auffassung HIDDEMANNS ablehnen.

Zuzustimmen ist daher der Meinung des Bundesverwaltungsgerichts, wonach die materiellen Genehmigungsvoraussetzungen im Planfeststellungsverfahren vorliegen müssen[229]). Nach seiner Auffassung müssen auch die Verfahrensvorschriften der zu ersetzenden Genehmigungen erfüllt werden. Zwar nimmt FROMM[230]) an, daß das Bundesverwaltungsgericht die letztere Forderung wieder habe fallen lassen, aber dem ist nicht zuzustimmen. FROMM kommt zu seiner Ansicht aufgrund des Schweigens des Bundesverwaltungsgerichts zu diesem Punkt in einer späteren Entscheidung[231]); aber in ihr kam es auf eine Einhaltung der Verfahrensvorschriften nicht an, so daß man aus dem Schweigen des Gerichts keine Schlüsse ziehen kann.

Danach bleibt festzuhalten, daß eine Planfeststellung nur ergehen darf, wenn die materiellen und formellen Voraussetzungen der durch die Planfeststellung zu ersetzenden Genehmigungen vorliegen[232]).

Für die praktische Handhabung der Planfeststellung bedeutet das: Die Planfeststellungsbehörde holt die Stellungnahme aller anderen Behörden ein, die eine Genehmigung aufgrund von Rechtsvorschriften auszusprechen haben, und wenn alle beteiligten Behörden zustimmen, stellt die Planfeststellungsbehörde den Plan fest. Das Planfeststellungsverfahren bedeutet damit, daß die Genehmigungen, statt in einzelnen Verwaltungsakten erteilt zu werden, formal in einem einheitlichen Verwaltungsakt zusammengefaßt werden.

---

[225]) Die hoheitliche Verwaltung des Bundes und die Staatsgewalt der Länder, DÖV 1962, 661 ff., 663 f.

[226]) BVerfGE 13, 54 ff., 78 f.

[227]) A. a. O., S. 60 f.

[228]) Von 1964; dazu Hochschule für Verwaltungswissenschaften Speyer, Zum Musterentwurf eines Verwaltungsverfahrensgesetzes, 1966, S. 122.

[229]) BVerwGE 27, 253, 256; ebenso BayVGH VerwRspr. 16, 469, 471.

[230]) Öffentlich-rechtliche Fragen beim Bau von Untergrundbahnen, DVBl. 1969, 289 ff., 291.

[231]) Urteil vom 28. 6. 1968, VRS 35, 463.

[232]) So auch BURGHARTZ, S. J., Wasserhaushaltsgesetz und Wassergesetz für Nordrhein-Westfalen, 1962, § 14 WHG Anm. 2; SIEDER-ZEITLER, Bayerisches Straßen- und Wegegesetz, 2. Aufl. 1972, Art. 36 Anm. 12; WOLFF, Verwaltungsrecht III, 2. Aufl. 1967, § 158 II d 4; MARSCHALL, a. a. O., § 17 Anm. 3. Vgl. auch BVerwG DÖV 1967, 758, 759, und VkBl. 1967, 587, 588.

Wenn eine beteiligte Behörde ihre Einwendungen auf eine Vorschrift stützt, die ihr einen Ermessensspielraum einräumt, so kann die Planfeststellungsbehörde ihr eigenes Ermessen an die Stelle desjenigen der beteiligten Behörde setzen und so zu einem anderen Ergebnis kommen. Stellt sie aufgrund dessen den Plan fest, dann verwirft sie damit die Einwendungen der beteiligten Behörde. Das besagt etwa § 18 IV, V FStrG. In der Praxis kommt es dazu allerdings nur selten; darauf wird unten noch einzugehen sein[233]).

Wenn auf diese Weise eine bundesrechtliche Planfeststellung getroffen wird, so sind damit auch die landesrechtlichen Genehmigungen ersetzt[234]). Zur Begründung meint das Bundesverwaltungsgericht, der Bundesgesetzgeber habe aufgrund seiner ausschließlichen Gesetzgebungszuständigkeit nach Art. 73 GG, um alle verschiedenen Gesichtspunkte bei einer einzigen Stelle gehörig abzuwägen, an sich landesrechtliche Belange in das Verwaltungshandeln einer Bundesbehörde einzubeziehen.

In der Literatur will man darauf abstellen, daß derjenige Verwaltungsträger zuständig sei, bei dem der Schwerpunkt des Vorhabens liege[235]). Das widerspricht aber dem Konzentrationsgrundsatz der Planfeststellung dann, wenn man den Schwerpunkt nicht bei der Planfeststellung erblickt, sondern bei einer der Genehmigungen, die von der Planfeststellung ersetzt werden sollen. Daher ist die Auffassung des Bundesverwaltungsgerichts vorzuziehen.

II. Zusammentreffen verschiedener Planfeststellungen

a) Positivrechtliche Kollisionsregelungen

Bei der Vielzahl der Planfeststellungsverfahren können zwei oder mehr Planfeststellungsverfahren den gleichen Raum oder das gleiche Projekt betreffen.

Einige Gesetze enthalten eine ausdrückliche Regelung, so § 41 Abs. 2 Satz 3 Flurbereinigungsgesetz, nach dem die Feststellungen im Wege- und Gewässerplan sich nicht auf solche Anlagen erstrecken, für die Planfeststellungsverfahren nach anderen Gesetzen bestehen.

Ähnliche Regeln finden sich in den Kreuzungsgesetzen und im Bundesfernstraßengesetz:

Nach § 12 Abs. 4 und Abs. 6 FStrG wird über die Einrichtung neuer und die wesentliche Änderung bestehender Kreuzungen zwischen Bundesstraßen und öffentlichen Straßen sowie über die Einmündungen öffentlicher Straßen in Bundesstraßen durch das Planfeststellungsverfahren nach §§ 17, 18 FStrG mitentschieden[236]).

In Anlehnung an diese Regelung bestimmen die Landesstraßengesetze[237]), daß beim Bau einer Landesstraße im landesrechtlichen Planfeststellungsverfahren über Kreuzungen und Einmündungen anderer Straßen mitentschieden wird.

Die Bestimmungen des Bundesfernstraßengesetzes und der Landesstraßengesetze widersprechen einander nicht. Für den Fall der Kreuzung zwischen Bundes- und Landes-

[233]) 3. Teil, 1. Kapitel, C.

[234]) BVerwG DÖV 1967, 758, 759.

[235]) BULLINGER, a. a. O., S. 65 ff. Vgl. auch SCHNEIDER, Werbesendungen der Rundfunkanstalten als Gegenstand eines Bundesgesetzes? NJW 1965, 937, 940.

[236]) MARSCHALL, a. a. O., § 12 Anm. 1 a. E.

[237]) Zusammenstellung der einschlägigen Bestimmungen bei BREUER, Die hoheitliche raumgestaltende Planung, 1968, S. 149.

straßen ergibt sich eine Vorrangigkeit des bundesrechtlichen Planfeststellungsverfahrens entweder durch Kompetenzzuweisung an den Bund kraft Sachzusammenhanges oder weil der Bundesstraße das „Übergewicht" gegenüber der Landesstraße zukommt.

Das Eisenbahnkreuzungsgesetz[238]) sieht in seinem § 6 für den Fall der Nichteinigung zwischen verschiedenen Beteiligten eine spezielle vorrangige Planfeststellung im Kreuzungsverfahren vor[239]).

b) Übrige Fälle

In Kollisionsfällen ohne ausdrückliche Regelung kann nach BREUER[240]) eine Planfeststellung im Regelfall nicht die andere ersetzen; vielmehr müssen für die Kollisionsbereiche mehrere Planfeststellungen durchgeführt werden. Aber das beschränkt den Konzentrationseffekt der Planfeststellung und ermöglicht sich widersprechende Planfeststellungen für denselben Raum. Deshalb ist die Meinung Breuers abzulehnen.

Auch nach BLÜMEL[241]) sind in Kollisionsfällen grundsätzlich mehrere Planfeststellungsverfahren durchzuführen, da eine Planfeststellung nur Genehmigungen, nicht aber andere Planfeststellungsverfahren ersetzen könne. Eine Ausnahme macht Blümel aber für das Zusammentreffen von bundesrechtlichen mit landesrechtlichen Planfeststellungen. Aus Art. 31 GG will er einen Vorrang des Bundesrechts und eine Verdrängung der Landesplanung durch die Bundesplanung ableiten.

Diese Auffassung ist ebenfalls abzulehnen. Soweit BLÜMEL die Notwendigkeit von Mehrfachplanungen annimmt, kann er Mehrfachplanungen nicht ausschließen. Soweit er eine Priorität des Bundesrechtes annimmt, begegnet er den oben dargelegten verfassungsrechtlichen Bedenken.

Diese Schwierigkeiten sind nur dadurch zu vermeiden, daß für Kollisionsbereiche ein einheitliches Planfeststellungsverfahren durchgeführt und diese „Konzentrations-Konzentration" gegen verfassungsrechtliche Bedenken abgesichert wird. Tatsächlich gehen etwa die Planfeststellungsrichtlinien zum Bundesfernstraßengesetz[242]) davon aus, daß eine Planfeststellung, gleichgültig ob bundes- oder landesrechtlich und ohne Rücksicht auf die Vollzugsart, jede andere Planfeststellung ersetzt, soweit deren Planungsgegenstand notwendig mitberührt wird. Um dies Ergebnis zu erreichen, will KODAL[243]) die für die Genehmigungsersetzung entwickelten Grundsätze auch auf die Planfeststellung anwenden. Er geht dabei von einer Sachzusammenhangskompetenz sowohl der Bundes- als auch der Landesplanfeststellungsbehörde für eine Gesamtregelung aus. Das steht aber im Widerspruch zu der bei der Genehmigungsersetzung überwiegend angenommenen Vorrangigkeit der bundesrechtlichen vor der landesrechtlichen Planfeststellung.

Verfassungsrechtliche Bedenken gegen die in den Planfeststellungsrichtlinien angeordnete „Konzentrations-Konzentration" lassen sich aber vielleicht mit MARSCHALL[244]) dadurch vermeiden, daß man das Gebot zur Durchführung einer Planfeststellung von vorn-

---

[238]) Gesetz über Kreuzungen von Eisenbahnen und Straßen vom 14. 8. 1963, BGBl. I S. 681.

[239]) Einzelheiten bei MARSCHALL, Eisenbahnkreuzungsgesetz, 1963, § 9 Anm. 1 f.

[240]) A. a. O., S. 137 ff., insbesondere S. 146.

[241]) Das Zusammentreffen von Planfeststellungen, DVBl. 1960, 697 ff.

[242]) Richtlinien für die Planfeststellung nach dem Bundesfernstraßengesetz in der Fassung des BMVRdErl. 1/1962, VkBl. 1962, 178.

[243]) Straßenrecht, 2. Aufl. 1964, S. 441 ff., 502.

[244]) A. a. O., § 17 Anm. 6.

herein auf diejenigen baulichen Maßnahmen beschränkt, für die der betreffende Unternehmer der einzige Veranlasser oder — bei mehrfacher Veranlassung — derjenige Veranlasser ist, der den größten Kreis öffentlichrechtlicher Belange berührt. Dann wird beim Zusammentreffen verschiedener Planfeststellungen in jedem Falle nur eine einzige Planfeststellung durchgeführt.

B. Wirkung gegenüber den Grundstückseigentümern

I. Beteiligung der Grundstückseigentümer am Planfeststellungsverfahren

Alle Planfeststellungsverfahren sehen eine Beteiligung der Betroffenen in einem frühen Verfahrensstadium vor. Im sog. Anhörungsverfahren[245] werden auch die privaten Betroffenen über das geplante Vorhaben so unterrichtet, daß sie sich ein Bild von Art und Ausmaß der kommenden Beeinträchtigung ihrer Interessen machen können. Der Publizität dient auch die Auslegung der Pläne zur Einsicht. So kann sich jedermann über das Vorhaben informieren, und es wird gewährleistet, daß kein Beteiligter bei der Vorklärung des Vorhabens übergangen wird. Die Betroffenen können gegen das geplante Vorhaben Einwendungen erheben. Diese werden von der zuständigen Behörde mit sämtlichen Beteiligten, üblicherweise in einem Ortstermin[246], mit dem Ziel einer gütlichen Einigung erörtert. Notfalls wird über die Einwendungen im Planfeststellungsverfahren entschieden[247].

II. Wirkung auf die öffentlichrechtlichen Beziehungen der Grundstückseigentümer

Das Planfeststellungsverfahren regelt rechtsgestaltend die öffentlichrechtlichen Beziehungen zwischen dem Unternehmer und den Betroffenen. Wie das Bundesverwaltungsgericht[248] ausführt, kann die Planfeststellung dabei sogar Rechte, die der Betroffene vorher erhalten hat, aufheben, z. B. eine Sondernutzung[249]. Wesentliches Element der Feststellungswirkung ist auch, daß sämtliche auf dem öffentlichen Recht beruhenden Änderungs- und Beseitigungsansprüche gegenüber dem festgestellten Vorhaben ausgeschlossen sind.

III. Wirkung auf die Privatrechtslage der Grundstückseigentümer

Obwohl die Planfeststellung nur die öffentlichrechtlichen Beziehungen regelt, zeitigt sie auch Wirkungen im Privatrecht. So nimmt die Planfeststellung dem Betroffenen den nachbarrechtlichen Änderungs- bzw. Beseitigungsanspruch gegenüber der Anlage[250]. Die Planfeststellung wirkt unmittelbar privatrechtsgestaltend insofern, als sie eine Vorabentscheidung über die Zulässigkeit der Enteignung trifft: Die Enteignung ist in der Regel zulässig, soweit sie zur Durchführung des im Bauplanfeststellungsverfahren festgestellten Vorhabens notwendig ist. Der Bayerische Verwaltungsgerichtshof[251] spricht sogar von einer Ersetzungswirkung der Bauplanfeststellung für die enteignungsrechtliche Planfeststellung[252]. Demgegenüber vertritt das Bundesverwaltungsgericht[253] die Auffassung, die

---

[245] Z. B. § 18 Abs. 1 Satz 2, Abs. 2 — 4 FStrG.

[246] Vgl. MARSCHALL, a. a. O., § 18 Anm. 2.

[247] Z. B. § 18 Abs. 3, 4 FStrG.

[248] VkBl. 1967, 502.

[249] Dazu KODAL, a. a. O., S. 471.

[250] KRUCHEN, Zur eisenbahnrechtlichen Planfeststellung, DÖV 1957, 173.

[251] VerwRspr. 16, 469, 482.

[252] Zu dieser oben 1. Teil, 4. Kapitel B.

[253] DÖV 1970, 64.

Enteignung wäre zwar durch das vorangegangene Planfeststellungsverfahren in gewissem Umfang präjudiziert, jedoch nicht so sehr, daß die Enteignung selbst nur noch entscheidungslosen Vollzug darstelle. Eine Konkretisierung der „Präjudizierung im gewissen Umfang" hat das Bundesverwaltungsgericht[254]) schon früher gegeben: Die Enteignungsbehörde sei an die Linienführung des Planfeststellungsbeschlusses gebunden, habe aber eigenverantwortlich zu prüfen und darüber zu entscheiden, ob die Enteignung im einzelnen Falle zulässig sei.

Schließlich berührt die Planfeststellung auch das Besitzrecht des Betroffenen insofern, als aufgrund einer rechtskräftigen oder für sofort vollziehbar erklärten Planfeststellung eine vorläufige Besitzeinweisung erfolgen kann[255]).

---

[254]) BayVBl. 1963, 223.
[255]) Vgl. BayVGH, BayVBl. 1963, 191, 192.

3. Teil
Folgerungen für den Bau von Energieanlagen
1. Kapitel
Herkömmliches Planfeststellungsverfahren

A. Frühere Begründung der Forderung nach einem Planfeststellungsverfahren

Der Gesetzgeber hat für den Bau zahlreicher Anlagen ein Planfeststellungsverfahren vorgesehen. Es vereinfacht und beschleunigt das Verfahren. Die Vereinfachung liegt darin, daß an die Stelle der zahlreichen Verwaltungsakte der 2. Stufe nur ein einziger tritt. Die Beschleunigung liegt darin, daß dieser einzige Verwaltungsakt, die Planfeststellung, aufgrund von § 38 BBauG den oft zahlreichen davon berührten gemeindlichen Bebauungsplänen vorgeht.

Die Gründe, die in jenen Fällen für die Einführung des Planfeststellungsverfahrens sprachen, gelten auch für den Bau von Energieanlagen. Daher hat man sich sogar auf den verfassungsrechtlichen Gleichheitssatz berufen, die Forderung nach Einführung eines energierechtlichen Planfeststellungsverfahrens zu begründen.

Auch den verbesserten Schutz des Grundstückseigentums durch eine frühere Beteiligung der Eigentümer führt man als Argument für diese Forderung an[256]).

B. Heute ausschlaggebend gewordener Grund

Der Grund, der heute nicht nur energiepolitisch, sondern wirtschaftspolitisch, ja gesellschaftspolitisch im Vordergrund steht, liegt in der immer stärker werdenden Befürchtung, daß die Bundesrepublik schon in wenigen Jahren eine Energieverknappung und insbesondere eine Verknappung von Elektrizität und Gas erleben wird. Diese Furcht wird genährt nicht nur durch die Prognosen über die Entwicklung der Einfuhrenergien, sondern auch durch den Umstand, daß die deutsche Energiewirtschaft mit dem Bau der erforderlichen Erzeugungs- und Leitungskapazitäten in Rückstand zu geraten droht. Das beruht insbesondere auch darauf, daß die EVU ihre Planungen nicht rechtzeitig in die Tat umsetzen können, weil sie zu lange um die staatliche Genehmigung kämpfen müssen. Die Beschleunigung des jetzt noch angewendeten Verfahrens, das ist der Maßstab, an dem man Änderungswünsche heute zu messen hat.

Wie dringlich die Forderung nach Beschleunigung ist, beginnt erst allmählich ins Bewußtsein zu dringen, obwohl es den Fachleuten schon seit geraumer Zeit bekannt ist[257]).

Das Ausmaß dieser Gefahr ergibt sich aus der Größe der Aufgabe, die voraussichtlich nötigen Kapazitäten zu erstellen[258]): Schon bis zum Beginn der achtziger Jahre soll sich der Stromverbrauch von 175 Mrd. kWh (1970) erneut verdoppelt haben[259]). Bis zum Ende

---

[256]) SCHEUTEN, a. a. O.

[257]) Zum intellektuellen time lag vgl. BÖRNER, a. a. O., S. 122; derselbe, Staatsmacht und Wirtschaftsfreiheit, 1970, S. 14; zum folgenden vgl. BÖRNER, Kann die deutsche Energiewirtschaft ihre Aufgaben in den achtziger Jahren mit dem geltenden Energiewirtschaftsgesetz erfüllen? ET 1973, 417 ff., 418.

[258]) Dazu BÖRNER, a. a. O.

[259]) SCHULTE, Die Elektrizitätsversorgung im Spannungsfeld der Wirtschaft, In: Energie-Leistungen, Prognosen, Alternativen. Eine ÖTV-Dokumentation, 1972, S. 83 ff., 87 f.

der achtziger Jahre soll er das 5,5fache des Jahresverbrauchs von 1971 ausmachen[260]). Der Erdgasabsatz soll von 24 Mio. t SKE (1971) auf 46 Mio. t SKE (1975) und 55 Mio. t SKE (1980) steigen[261]).

Wenn es nicht gelingt, die entsprechenden Kapazitäten rechtzeitig zu erstellen, so drohen dem Staat, der Wirtschaft und der Bevölkerung black outs und brown outs. Das führt volkswirtschaftlich zu Produktionsausfällen und einzelwirtschaftlich unter Umständen zu Zusammenbrüchen von Firmen und zum Verlust von Arbeitsplätzen. Ein weiteres Wachstum der deutschen Wirtschaft würde behindert oder unmöglich gemacht werden mit den sich daraus ergebenden Folgen[262]).

Um diese Gefahren zu verringern, muß man die Genehmigungsverfahren für Kraftwerke und Leitungen zügig durchbringen. Eine Verfahrensreform ist in erster Linie danach zu beurteilen, wie sie das Verfahren erleichtert und beschleunigt.

C. Beurteilung des herkömmlichen Planfeststellungsverfahrens

Das konventionelle Planfeststellungsverfahren würde die zahlreichen Erlaubnisse der Gemeinden nach dem Bundesbaugesetz integrieren, wie es § 38 BBauG jetzt schon für die Planfeststellungsverfahren in anderen Bereichen vorsieht.

Jedoch das genügt für eine Erleichterung und Beschleunigung nicht. Denn faktisch würde ein herkömmliches Planfeststellungsverfahren die zahlreichen Kompetenzen verschiedener Behörden erhalten, gegen die Planfeststellung ein Veto einzulegen. Das Planfeststellungsverfahren führt — abgesehen vom Vorrang vor den Bebauungsplänen nach § 38 BBauG — meist nur dazu, daß das EVU sich statt an mehrere an eine Behörde zu wenden hat. Diese Behörde führt dann intern die Stellungnahme der anderen Behörden herbei, und das Ergebnis findet schließlich und endlich in der Planfeststellung seinen Niederschlag. Abgesehen von § 38 BBauG bringt das wohl kaum eine Beschleunigung; wenn es das Verfahren nicht gar verlangsamt. Zudem kommt es auch nicht zu einer Entscheidung aufgrund einer Gesamtschau und zu einer Abwägung aller maßgeblichen Faktoren, wie Sicherheit, Umweltschutz einschließlich Naturschutz usw., sondern jede beteiligte Behörde kann aus ihrer partikulären Sicht heraus weiterhin ein liberum veto aussprechen wie die Szlachta im polnischen Reichstag bis 1791, also bis kurz vor der 2. Teilung Polens. Jede Behörde kann damit ein energiewirtschaftliches Vorhaben zum Scheitern bringen.

Die herkömmliche Planfeststellung ist verfahrensmäßig eben in der Praxis nicht mehr als eine Addition zahlreicher Einzelentscheidungen, die jede beteiligte Behörde für ihren Bereich separat durchführt. Das begünstigt für jede Behörde eine Tendenz, nur ihren Teilbereich in den Blick zu nehmen[263]). Es mag sein, daß die Energieaufsichtsbehörde auf die anderen Behörden Einfluß nimmt mit dem Ziel, daß die anderen Behörden die energiepolitischen Gesichtspunkte gebührend berücksichtigen. Aber es gibt keine rechtliche und insbesondere keine verfahrensrechtliche Garantie dafür, daß das geschieht.

Auch ist die Behörde verpflichtet, ihre Entscheidung an dem Ziel desjenigen Gesetzes auszurichten, aufgrund dessen sie über ihre Genehmigung zu befinden hat; es ist nicht in jedem Fall sicher, ob sie überhaupt berechtigt ist, auch Gesichtspunkte anderer Gesetze

---

[260]) Schulte, a. a. O.

[261]) Schelberger, Die Erdgasversorgungslage in der Bundesrepublik Deutschland, in: Energie, a. a. O., S. 217 ff., 217.

[262]) Dazu Börner, Studien a. a. O., S. 381 ff., 386 ff.

[263]) Vgl. zu diesem auch §§ 68 ff. des Entwurfs eines Verwaltungsverfahrensgesetzes, Bundesratsdrucksache 227/73.

und insbesondere eine sichere und billige Versorgung nach dem Energiewirtschaftsgesetz zu berücksichtigen[263a]).

Das ist unbefriedigend; denn eine sachgemäße Entscheidung wird oft nur möglich sein aufgrund einer Gesamtschau aller divergierenden Gesichtspunkte. Ein energierechtliches Planfeststellungsverfahren müßte auch aus diesem Grunde das liberum veto jeder einzelnen Behörde ersetzen durch eine integrierte Gesamtentscheidung.

Allerdings kann man der Planfeststellungsbehörde, wie es etwa § 18 FStrG vorsieht, das Recht einräumen, ihr Ermessen an die Stelle desjenigen einer anderen beteiligten Behörde zu setzen und so die Einwendung dieser Behörde zu verwerfen[264]). Aber die Praxis zeigt, daß die Planfeststellungsbehörde ein solches Recht gegenüber anderen Behörden praktisch nicht ausübt und es vorzieht, bei Meinungsverschiedenheiten zwischen Ressorts die Angelegenheit dem Kabinett zur Entscheidung vorzulegen, anstatt selbst zu entscheiden. Auch da, wo man z. Z. erwägt, ein herkömmliches Planfeststellungsverfahren für den Energiebereich einzuführen, geht man als selbstverständlich davon aus, daß in einem solchen Falle nicht die Planfeststellungsbehörde selbständig entscheidet, sondern daß die Sache ins Kabinett kommt. Eine rechtspolitische Beurteilung des herkömmlichen Planfeststellungsverfahrens hat hiervon auszugehen und darf sich nicht auf ein Recht der Planfeststellungsbehörde verlassen, das diese aller Voraussicht nach einfach nicht ausüben wird.

Das Kabinett würde nur über große Vorhaben von politischer Bedeutung entscheiden, nicht aber über mittlere und kleinere. So bleibt die Möglichkeit, eine integrierte Entscheidung jedenfalls im Kabinett herbeizuführen, für diesen wichtigen Bereich verschlossen, und die Bremsmöglichkeit der beteiligten Behörden bleibt vollen Umfangs erhalten. Zu denken ist etwa an ein bestimmtes, im Ruhrgebiet geplantes Kraftwerk von 300 MW, dessen Bau seit Jahren am Widerspruch einer beteiligten Behörde scheitert, ohne daß eine endgültige Entscheidung durch das Kabinett herbeigeführt worden ist. Nur fünf solcher Fälle in der Bundesrepublik würden zusammen schon 1.500 MW ausmachen, also eine energiepolitisch beachtliche Größe.

Es ist eine Eigenheit dieser Kabinettsentscheidungen, daß sie vorwiegend nach politischen Gesichtspunkten gefällt werden, also mit einem so hohen Anteil irrationaler Elemente durchsetzt sind, daß sie zu oft eher ein Zufallsergebnis als eine voraussehbare Folgerung aus sachlichen Prämissen darstellen. Das ist aber gerade für die wichtigen Vorhaben, die überhaupt ins Kabinett gelangen, keine optimale Entscheidungsbasis.

Zusammenfassend ergibt sich also: Das herkömmliche Planfeststellungsverfahren genügt aus zwei Gründen den Forderungen nicht, die bei einer Reform des energierechtlichen Genehmigungsverfahrens zu stellen sind: Es beschleunigt das Verfahren nicht, weil jede einzelne beteiligte Behörde ihr Vetorecht faktisch behält. Es führt so zu einer Addition partikulärer Entscheidungen, nicht aber zu einer integrierten Gesamtentscheidung, die nach einheitlicher Abwägung des gesamten Für und Wider ergangen ist.

Der Planfeststellungsbehörde das Recht zu geben, ihr Ermessen an die Stelle desjenigen einer beteiligten Behörde zu setzen, hilft nicht, weil die Planfeststellungsbehörde, wie die Erfahrung zeigt, von einem solchen Recht keinen Gebrauch macht; bei Widersprüchen zwischen den Ressorts kann nur eine Kabinettsentscheidung helfen. Eine Kabinettsent-

---

[263a]) Zur Begrenzung des Ermessens auf den Zweck des angewandten Gesetzes BÖRNER, a.a.O., S. 419 ff. und oben 1. Teil, 2. Kap. D. I. c.

[264]) Vgl. oben, 2. Teil, 2. Kapitel A. I.

scheidung ist unbefriedigend, weil das Kabinett über mittlere und kleinere Vorhaben nicht befindet und weil seine Entscheidung nicht immer in wünschenswertem Maße von Sachverstand getragen ist.

Das herkömmliche Planfeststellungsverfahren ist also aus energiepolitischen und aus planungspolitischen Gründen unbefriedigend.

2. Kapitel

Planfeststellungsverfahren neuer Art

A. Grundsätzliche Regelung eines Planfeststellungsverfahrens neuer Art

Aus den Mängeln des herkömmlichen Planfeststellungsverfahrens ergibt sich die Forderung nach einem Planfeststellungsverfahren neuer Art, das die beiden Fehler des herkömmlichen Verfahrens vermeidet. Zur Beschleunigung muß man also das faktische Vetorecht der einzelnen Behörden beseitigen. Zur Vermeidung einer beschränkten Ressortsicht muß man sämtliche einschlägigen Überlegungen zusammenfassen und aufeinander einwirken lassen.

Dazu ist zweierlei nötig: Man muß die Entscheidung über die Genehmigung eines Baues von Energieanlagen übertragen auf eine besondere Planfeststellungsbehörde. Diese Behörde muß nicht nur die Stellungnahme der anderen beteiligten Behörden zusammenzählen und das Ergebnis der Addition bekanntgeben, wie im herkömmlichen Planfeststellungsverfahren üblich, sondern sie muß nach Anhörung aller betroffenen Behörden und Privatpersonen selbst über alle für den Bau nötigen Genehmigungen usw. anstelle der sonst zuständigen Behörden entscheiden. Die Entscheidung muß auch die Zulässigkeit der Enteignung nach § 11 Abs. 1 EnWG betreffen, so daß die zweite und die dritte Stufe des jetzigen Verfahrens in einem Verwaltungsakt zusammengefaßt sind. Das Kollegium muß nicht einstimmig entscheiden — das entspräche mutatis mutandis dem jetzigen Rechtszustand —, sondern die Mehrheit seiner Mitglieder genügt[265]. Wenn also das Kollegium aus fünf Mitgliedern bestünde, so würde es die Ablehnung wie die Genehmigung eines Vorhabens mit drei Stimmen beschließen können[266].

Das würde eine Erleichterung und Beschleunigung energiewirtschaftlicher Vorhaben bedeuten, weil zur Blockierung eines Vorhabens nicht mehr, wie jetzt, eine Stimme genügte, sondern bei fünf Mitgliedern drei Stimmen erforderlich wären; der Verabsolutierung partikularer Gesichtspunkte bei einer Untersagung würde ein Riegel vorgeschoben. Vielmehr würden z. B. die — gewiß wichtigen — Erwägungen des Umweltschutzes und des Naturschutzes abgewogen gegen die ebenfalls wichtigen Gefahren einer Energierationierung und einer Stromabschaltung.

Das ist aber nicht nur energiepolitisch von Bedeutung. Für den Gedanken der Landesplanung würde ein derartiges Verfahren einen Durchbruch bedeuten, der später zum Modell für ähnliche Lösungen in anderen Bereichen dienen könnte. Denn das Wesen der Landesplanung liegt eben darin, das isolierte Denken in den Grenzen der historisch überlieferten Ressorts zu überwinden und zu ersetzen durch eine Gesamtschau aller planerisch maßgeblichen Gesichtspunkte. Notwendig ist das, weil jede raumrelevante Maßnahme heute nicht nur für denjenigen bedeutsam ist, der die Maßnahme beantragt und durchführt, sondern auch für viele andere Benutzer des Raumes. Landesplanung und Raumord-

---

[265] Zum Mehrheitsprinzip allgemein vgl. DAGTOGLOU, Kollegialorgane und Kollegialakte der Verwaltung, 1960, S. 116 ff.

[266] Eine Frage der Verwaltungspraxis ist es, wie weit eine Entscheidung in Teilentscheidungen — etwa betr. das Wasser-, das Straßen- oder das Luftrecht — aufgespalten werden soll.

nung sollen gerade erreichen, daß nicht nur die für den Veranlasser relevanten, sondern auch die für alle anderen Bürger relevanten Wirkungen im Raum rechtzeitig bedacht und in die Motivation der staatlichen Willensbildung einbezogen werden.

Diese Überlegungen sind für die Planung von Energieanlagen von besonderer Bedeutung, denn die Leitungen durchschneiden oft Hunderte von Kilometern große Räume und sind daher besonders raumrelevant, und die Kraftwerke mit ihren Schutzzonen beanspruchen erhebliche Flächen.

Zwar geschieht die Beanspruchung bei Leitungen überwiegend nicht in der Weise, daß die gesamten Flächen jeglicher anderen Nutzung entzogen werden. Im Bereich der Schutzstreifen für elektrische Freileitungen und für den Bereich von Schutzstreifen für unterirdische Energieleitungen ist jedoch die Benutzbarkeit der betroffenen Flächen für andere Zwecke erheblich, z. B. durch Bauverbote, beschränkt.

Ein Beispiel mag das Ausmaß der Flächenbeanspruchung durch Energiefernleitungen darstellen:

Allein die deutschen Elektrizitätsunternehmen hatten im Jahre 1969 folgende Leitungslängen installiert:

1. im Bereich 110 bis 150 kV: 18 459 km,
2. im Bereich 220 kV 6 613 km,
3. im Bereich 380 kV 3 160 km.

Die Breite der notwendigen Schutzstreifen beträgt

für den 110-kV- bis 150-kV-Bereich ca. 38 m,
für den 220-kV-Bereich ca. 49 m,
für den 380-kV-Bereich 66 m.

Aus diesen Zahlen errechnet sich eine allein von den Elektrizitätsfreileitungen beanspruchte Fläche von ca. 1 234 qkm. Ein Vergleich mit der Gesamtfläche der Bundesrepublik Deutschland von 247 945 qkm zeigt mit großer Deutlichkeit, wie hoch die Belastung des Raumes durch Energieleitungen ist, da die vorstehende Rechnung sich auf die Elektrizitätsfreileitungen beschränkt und andere raumbeanspruchende Energiefernleitungen, wie z. B. Öl- und Erdgas-Pipelines und verkabelte Elektrizitätsleitungen, noch nicht berücksichtigt sind.

Bei Ferngasleitungen richtet sich die Breite des Schutzstreifens nach der Dimensionierung. Als üblich hat sich herausgestellt:

bei Gashochdruckleitungen bei einem Durchmesser bis 500 mm 8 m,
bei Gashochdruckleitungen bei einem Durchmesser von über 500 mm 10 m,
bei Gashochdruckdoppelleitungen mit einem Durchmesser von ungefähr 700 bis 1 000 mm 15 m.

Hinsichtlich des Zuwachses sei bemerkt, daß allein 1970 1 999 km elektrischer Fernleitungen gebaut worden sind.

Zur Beanspruchung des Raumes durch Kraftwerke nur folgendes: Nach einem Erlaß des Ministers für Arbeit, Gesundheit und Soziales des Landes Nordrhein-Westfalen[267] soll der Abstand von der äußeren Begrenzung eines Kraftwerkbereiches bis zum Beginn einer Bebauung mindestens 2 000 m betragen. Danach kann im gesamten Rheinischen Braunkohlenrevier und in einem Umkreis von 10 km darum kein Kraftwerk mehr gebaut werden. Das ist deswegen von Bedeutung, weil die Braunkohle wegen ihrer großen Transportintensität nur über geringe Entfernung ökonomisch transportiert werden kann.

---

[267] RdErl. v. 12. 6. 1972 — III B 1 — 8804 (III Nr. 12/72) — MAGS.

B. Zur Einzelregelung für das Kollegium der Planfeststellungsbehörde

I. Zusammensetzung

Es ist nicht Aufgabe dieser Ausführungen, eine abschließende Meinung über die Zusammensetzung der Behörde im einzelnen zu äußern. Dazu bedarf es einer weiteren Vertiefung der Frage insbesondere durch die beteiligten Ministerien. Grundsätzlich kann man aber sagen, daß jedes beteiligte Ministerium einen Vertreter in die Planfeststellungsbehörde entsenden sollte; ob vielleicht auch mehrere Vertreter zu entsenden sind, ist jetzt noch nicht zu sagen. Jedenfalls müßte das Gesetz die Zusammensetzung der Behörde festlegen.

Als Modell wird im folgenden unterstellt, daß das Kollegium aus je einem Vertreter des Ministeriums für Wirtschaft und Verkehr, des Innenministeriums, des Finanzministeriums, des Landwirtschaftsministeriums und der für die Planung zuständigen obersten Behörde des Landes besteht; inwieweit noch andere Ressorts zu beteiligen sind, muß späterer Abklärung vorbehalten bleiben. Dieses Kollegium der Fünf muß mit einem angemessenen Unterbau versehen werden, der insbesondere die Stellungnahmen der beteiligten Behörden und Privatpersonen einholt und die Vorgänge für das Kollegium entscheidungsreif macht.

II. Weisungsgebundenheit

Das Kollegium ist, wie alle Behörden, an das Recht gebunden. Es kann mithin ein Ermessen nur dort ausüben, wo das Recht es zuläßt. So kann eine zunehmende Konkretisierung der Landesplanung sein Ermessen schrittweise einschränken.

Das Kollegium soll das Recht aber nicht in richterlicher Unabhängigkeit und frei von Weisungen übergeordneter Instanzen anwenden. Denn es soll nicht ein Gerichtsurteil, sondern einen Verwaltungsakt erlassen, der seinerseits vor den Verwaltungsgerichten angefochten werden kann. Vor die Verwaltungsgerichte noch ein Quasi-Gericht zu schalten ist nicht angebracht, weil das die parlamentarische Kontrolle verkürzen würde, die das Parlament über die verantwortliche Regierung und über deren Weisungen an die staatlichen Behörden ausübt.

Ebensowenig sollte man jedes einzelne Mitglied des Kollegiums der Weisung desjenigen Ministers unterstellen, der es entsandt hat. Denn Ziel des Ausschusses ist eine Gesamtentscheidung, bei der alle Gesichtspunkte erörtert und gegeneinander abgewogen sind. Das ist gerade in einem Einzelministerium nicht möglich, und deshalb könnte die Weisung eines Ministeriums an „sein" Ausschußmitglied keinen geeigneten Beitrag zur Erreichung dieses Zieles bilden. — Derartige Weisungen würden auch die „Intra-Organkontrolle" ausschließen, die darin liegt, daß die Entscheidung durch die freien Beratungen innerhalb des Kollegiums an Qualität gewinnt[268]. Die Teamarbeit des Kollegiums darf nicht durch Weisungen an einzelne seiner Mitglieder gestört oder unmöglich gemacht werden.

Deshalb sollte man nur dem Ausschuß als Ganzes Weisungen unterstellen. Diese Weisungen sichern die „Inter-Organkontrolle"[269]. Solche Weisungen könnte nur das Kabinett erteilen, da der Ausschuß aus Angehörigen mehrerer Ressorts besteht und da auch die Weisungen nicht nur auf den Teilerwägungen eines Ressorts beruhen sollen.

---

[268] Zum Begriff KARL LOEWENSTEIN, Verfassungslehre, 2. Aufl. 1969, S. 167 ff.; ROMAN HERZOG, Allgemeine Staatslehre, 1971, S. 351 f., 193.

[269] LOEWENSTEIN und HERZOG, a. a. O.

Dem Ministerpräsidenten eine Weisungsbefugnis zu geben ist nicht tunlich, weil nur die Beteiligung des Gesamtkabinetts verbürgt, daß die Grundlage einer Weisung jenes integrierte Abwägen des Für und Wider ist, das ein Ziel des Verfahrens bildet.

Man könnte allenfalls noch daran denken, den Ausschuß dem Gremium derjenigen Kabinettsmitglieder zu unterstellen, die ein Mitglied ihres Hauses in den Ausschuß entsandt haben. Aber in der Praxis wird eine Weisung ohnehin nur bei besonders wichtigen Fällen erfolgen, und deshalb erscheint es angemessen, dann auch das gesamte Kabinett daran zu beteiligen.

Die hier vorgeschlagene Regelung gibt der Behörde einen besonderen Rang und hebt sie in gewisser Weise über andere Behörden hinaus. Das ist erwünscht. Denn Entscheidungen insbesondere über den Bau von Kernkraftwerken sind heute oft starken Pressionen ausgesetzt. Will man verhindern, daß solche Entscheidungen durch lokale oder auch durch unsachliche, allgemeinpolitisch motivierte Pressionen verfälscht werden, so muß man die entscheidende Behörde ziemlich hoch in der Hierarchie des Staates ansiedeln. Das wird mit dem hier entwickelten Vorschlag erreicht, weil die Planfeststellungsbehörde unmittelbar dem Kabinett unterstellt ist.

III. Sonstige Vorschriften

Wenn man ein Ausschußmitglied nicht den Weisungen des Ministers unterstellen will, der es entsandt hat, dann muß man seine Unabhängigkeit auch dadurch sichern, daß man seine Zugehörigkeit zum Ausschuß auf eine bestimmte Zeit festlegt. Ein Minister kann danach zwar bestimmen, wen er in den Ausschuß entsenden will; er kann aber das einmal entsandte Mitglied nicht vor Ablauf der vorgesehenen Zeit wieder abberufen und — etwa im Hinblick auf ein bestimmtes anhängiges Verfahren — durch ein anderes ersetzen.

Andererseits muß man, um den Ausschuß funktionsfähig zu halten, für jedes ordentliche Mitglied ein oder zwei Ersatzmitglieder bestimmen, die das ordentliche Mitglied im Verhinderungsfall vertreten können.

Wie jedes Kollegialorgan muß der Ausschuß eine Geschäftsordnung haben. Der erste Ausschuß könnte eine solche Geschäftsordnung erarbeiten. In Kraft treten sollte sie erst nach Billigung durch das Kabinett.

C. Besonderheit der Planfeststellungsbehörde

Die Eigenart dieses Organisationsvorschlages liegt darin, daß ein Kollegium als eine besondere Behörde eingerichtet wird, die einen Verwaltungsakt erläßt, nämlich den Plan feststellt und gleichzeitig die damit verbundenen Genehmigungen erteilt. Das ist heute ungewöhnlich.

Die zweite Besonderheit liegt darin, daß es sich um eine interministerielle und deshalb nur dem Kabinett unterstehende Entscheidungsbehörde handelt. Dafür gibt es kein Beispiel in der jetzigen deutschen Verwaltung.

Ein Vergleich mit anderen kollegialen Entscheidungsinstanzen möge die Besonderheiten des Vorschlages vertiefen.

Zunächst ist zu denken an die Beschlußkammern der Versicherungsaufsicht, die in der 3. DVO zum Versicherungsaufsichtsgesetz vom 25. 3. 1953 geregelt sind[270]). Sie sind besetzt mit drei Mitgliedern des Bundesaufsichtsamts und zwei Beiratsmitgliedern. Einige besonders wichtige Entscheidungen des Amtes sind ihnen zugewiesen; die übrigen erläßt der Präsident, für dessen Zuständigkeit nach § 7 DVO eine Vermutung spricht. Bei Verfügungen des Präsidenten bilden die Beschlußkammern eine Einspruchsinstanz nach § 8 DVO. Ein wesentlicher Unterschied gegenüber dem für das Planfeststellungsverfahren vorgesehenen Kollegium liegt darin, daß der Präsident des Aufsichtsamtes die Beschlußkammern nur für einzelne Sitzungen ad hoc bildet, § 10 Abs. 1 DVO. Beim Kollegium für die Planfeststellung hingegen sollen die Mitglieder eine bestimmte Amtszeit haben, um damit eine Kontinuität und eine gewisse Unabhängigkeit von Wünschen eines einzelnen Ministeriums zu sichern. Bei den Beschlußkammern ist aber die Kontinuität schon dadurch gesichert, daß drei ihrer Mitglieder aus ein und derselben Behörde kommen.

Unabhängig soll die Planfeststellungsbehörde sein nicht gegenüber Weisungen überhaupt; denn sie soll als Behörde den Weisungen des Kabinetts unterliegen. Die Festlegung einer Amtszeit für die Kollegialmitglieder soll nur erschweren, daß Einflüsse von einer anderen als der weisungsbefugten Stelle ausgehen, nämlich von einem einzelnen Ressort.

Bei den Beschlußkammern bestehen keine entsprechenden Notwendigkeiten insbesondere deshalb, weil nicht verschiedene Behörden ihre Angehörigen dorthin entsenden. Dabei kann offenbleiben, inwieweit die Beschlußkammern überhaupt weisungsgebunden sind[271]).

Die Beschlußkammern der Versicherungsaufsicht sind Vorbild gewesen für die Beschlußabteilungen des Bundeskartellamtes nach § 48 Abs. 2 Gesetz gegen Wettbewerbsbeschränkungen (GWB)[272]). Sie entscheiden nach § 48 Abs. 3 GWB in der Besetzung mit einem Vorsitzenden und zwei Beisitzern. Eine bestimmte Anzahl ist für ihre Mitglieder nicht vorgesehen. Die Mitglieder werden nicht für bestimmte Einzelfälle einer Beschlußabteilung zugeteilt, sondern generell für alle Verfahren bis zur Beendigung ihres Mandats. Das entspricht dem Ziel des Gesetzes, das Verfahren vor dem Bundeskartellamt „justizähnlich zu gestalten"[273]). Dadurch unterscheiden sich die Beschlußabteilungen von der Planfeststellungsbehörde, die kein justizähnliches, sondern ein Verwaltungsverfahren durchführen soll. Die Frage, ob die Beschlußabteilungen des Bundeskartellamtes weisungsgebunden sind, kann daher hier offenbleiben[274]).

---

[270]) BGBl. I S. 75.

[271]) Die Begründung zum Entwurf des Pflichtversicherungsgesetzes 1965 (Bundestagsdrucksache IV/2252 zu § 8 Abs. 2, S. 22) nimmt an, daß der Minister der Beschlußkammer für Einzelfälle Weisungen erteilen kann. Zweifelnd RITTNER, Das Ermessen der Kartellbehörde, Festschrift Kaufmann, 1972, S. 307 ff., 319.

[272]) JUNGE in: Müller-Henneberg-Schwarz, Gemeinschaftskommentar zum GWB, 2. Aufl. 1963, § 48 Anm. 3.

[273]) RITTNER, a. a. O., S. 316.

[274]) Dazu RITTNER, a. a. O., S. 319 ff. Er erinnert auch auf S. 322 ff. daran, daß die Landeskartellbehörden die Institution der Beschlußabteilungen nicht kennen und rein hierarchisch gegliedert sind, obwohl sie großenteils dieselben Rechtssätze anzuwenden haben wie das Bundeskartellamt. — Zu den Patent-, Gebrauchsmuster- und Warenzeichenabteilungen des Deutschen Patentamtes vgl. HUBMANN, Gewerblicher Rechtsschutz, 2. Aufl. 1969, S. 166.

D. Gesetzentwurf

Art. 1 Änderung des Energiewirtschaftsgesetzes

1. Nach § 9 werden folgende §§ 10 bis 10 e eingefügt:

§ 10

Für die Zwecke der öffentlichen Energieversorgung wird ein Planfeststellungsverfahren durchgeführt, wenn das Versorgungsunternehmen es beantragt oder die nach § 11 zuständige Behörde es für sachdienlich hält.

§ 10 a

(1) Für die Durchführung der Planfeststellung bilden die Länder Planfeststellungs-behörden.

(2) Die Planfeststellungsbehörden bestehen aus je einem Vertreter des Ministeriums für Wirtschaft und Verkehr, des Innenministeriums, des Finanzministeriums, des Landwirtschaftsministeriums und der für die Planung zuständigen obersten Behörde des Landes. Für jeden Vertreter werden ein erster und ein zweiter Stellvertreter benannt. Die Benennung ist für zwei Jahre auszusprechen. Wenn der Vertreter wegfällt, so rücken der erste und der zweite Stellvertreter auf. Wenn der erste Stellvertreter wegfällt, rückt der zweite an seine Stelle. Wenn der zweite Stellvertreter wegfällt, ist ein neuer zweiter Stellvertreter zu benennen. Benennungen während der Amtsperiode sind nur für den noch nicht abgelaufenen Teil der Amtsperiode auszusprechen.

(3) Die einzelnen Mitglieder der Planfeststellungsbehörde unterliegen nicht den Weisungen der Stelle, die sie entsandt hat. Die Planfeststellungsbehörde unterliegt den Weisungen des Kabinetts.

(4) Vorsitzender der Planfeststellungsbehörde ist der Vertreter des Ministeriums für Wirtschaft und Verkehr. Die Planfeststellungsbehörde entscheidet mit der Mehrheit ihrer Mitglieder. Sie gibt sich eine Geschäftsordnung, die der Genehmigung der Landesregierung bedarf.

§ 10 b

Das Ministerium für Wirtschaft und Verkehr unterrichtet die Planfeststellungsbehörde von den Anzeigen nach § 4, für die ein Planfeststellungsverfahren in Erwägung gezogen werden kann.

§ 10 c

(1) Die Planfeststellungsbehörde entscheidet über alle nach anderen Rechtsvorschriften notwendigen öffentlichrechtlichen Genehmigungen, Verleihungen, Erlaubnisse, Bewilligungen, Zustimmungen und Anhörungsverfahren mit Ausnahme von Baugenehmigungen anstelle der sonst zuständigen Behörden. Die Planfeststellung ersetzt diese Rechtsakte.

(2) Die Planfeststellung regelt rechtsgestaltend alle öffentlichrechtlichen Beziehungen zwischen dem Unternehmer des Vorhabens und den durch den Plan Betroffenen. Ansprüche auf Beseitigung und Änderung von Anlagen, die dem festgestellten Plan entsprechen, sind ausgeschlossen.

(3) Die Vorschriften des Atomgesetzes bleiben unberührt.

50

§ 10 d

(1) Das Energieversorgungsunternehmen hat den Plan der Planfeststellungsbehörde zur Prüfung der Entscheidung vorzulegen. Der Plan soll enthalten:

1. Angaben über das Vorhaben und seinen Anlaß,

2. die erforderlichen Zeichnungen, Pläne im Maßstab 1 : 1 000 sowie Register (möglichst gemarkungsweise),

3. Angaben über Pläne, die nach anderen Rechtsvorschriften bereits aufgestellt sind und auf die sich das Vorhaben auswirken kann, und

4. Angaben über die möglichen Auswirkungen des Vorhabens auf Rechte Dritter.

(2) Die Planfeststellungsbehörde holt die Stellungnahmen derjenigen Behörden des Bundes, des Landes, der Gemeinden und Gemeindeverbände ein, deren Aufgabenbereich durch das Vorhaben berührt wird.

(3) Der Plan mit Anlagen ist auf Veranlassung der Planfeststellungsbehörde in den Gemeinden, in denen sich das Vorhaben auswirkt, zwei Wochen zur Einsicht auszulegen. Auf eine Auslegung kann verzichtet werden, wenn der Kreis der Beteiligten bekannt ist.

(4) Zeit und Ort der Auslegung und die Behörde, bei der Einwendungen zu erheben sind, sowie die Einwendungsfrist sind mindestens eine Woche vor der Auslegung öffentlich bekanntzumachen mit dem Hinweis darauf, daß Einwendungen nur während der Einwendungsfrist vorgebracht werden können.

(5) Jedermann, dessen Belange durch das Vorhaben berührt werden, kann gegen den Plan Einwendungen erheben. Die Einwendungen sind spätestens zwei Wochen nach Ablauf der Auslegungsfrist schriftlich oder zur Niederschrift bei der Planfeststellungsbehörde oder bei der Gemeinde geltend zu machen. Innerhalb dieser Einwendungsfrist müssen auch die gemäß Absatz 2 zur Stellungnahme aufgeforderten Behörden sich äußern. Im Falle des Absatzes 3 Satz 2 bestimmt die Planfeststellungsbehörde die Einwendungsfrist.

(6) Nach Ablauf der Einwendungsfrist hat die Planfeststellungsbehörde die Einwendungen gegen den Plan mit den anzuhörenden Behörden und den Beteiligten, insbesondere den Personen, die Einwendungen erhoben haben, unverzüglich zu erörtern. Bei der Ladung zum Erörterungstermin ist darauf hinzuweisen, daß bei Ausbleiben eines Beteiligten auch ohne ihn verhandelt und entschieden werden kann.

§ 10 e

(1) Die Planfeststellungsbehörde stellt den Plan fest. Sie entscheidet hierbei über die Einwendungen, über die bei der Erörterung eine Einigung nicht erzielt worden ist.

(2) Im Planfeststellungsbeschluß sind dem Unternehmer die Errichtung und Unterhaltung der Anlagen aufzuerlegen, die für das öffentliche Wohl oder zur Sicherung der Benutzung der benachbarten Grundstücke gegen Gefahren oder Nachteile notwendig sind.

(3) Die Entscheidung ist den der Planfeststellungsbehörde bekannten Beteiligten mit Rechtsmittelbelehrung zuzustellen. Die Zustellung an die nicht bekannten Beteiligten wird durch öffentliche Bekanntmachung des verfügenden Teils der Entscheidung mit einer Rechtsmittelbelehrung ersetzt.

2. *Nach § 11 werden folgende §§ 11 a und 11 b eingefügt:*

§ 11 a

(1) Ist zur Durchführung eines nach § 10 c Absatz 1 und 2 festgestellten Planes die Enteignung erforderlich, so ist sie ohne die in § 11 Absatz 1 vorgesehene Feststellung zulässig.

(2) Der nach § 10 c Absatz 1 und 2 festgestellte Plan ist dem Enteignungsverfahren zugrunde zu legen und für die Enteignungsbehörde bindend.

(3) Ist der sofortige Beginn von Arbeiten für den Bau oder die Änderung von Energieanlagen geboten und der Besitz von Grundstücken für die beabsichtigte Ausführung der Maßnahmen notwendig, so hat die Enteignungsbehörde auf Antrag des Energieversorgungsunternehmens dieses, wenn der Plan nach § 10 c festgestellt ist, vorläufig in den Besitz der benötigten Grundstücke einzuweisen.

§ 11 b

(1) Auf Antrag des Energieversorgungsunternehmens hat die Enteignungsbehörde anzuordnen, daß die Eigentümer und Besitzer die zur Planung nötigen Vermessungen, Bodenuntersuchungen und die sonstigen Vorarbeiten auf ihren Grundstücken dulden.

(2) Eigentümer und Nutzungsberechtigte sind vor dem Betreten der Grundstücke zu benachrichtigen, es sei denn, daß die Benachrichtigung nur durch öffentliche Zustellung möglich wäre. Die Benachrichtigung kann auch durch öffentliche Bekanntmachung in ortsüblicher Weise erfolgen, wenn die in Absatz 1 bezeichneten Vorbereitungshandlungen wegen der Besonderheiten des Vorhabens auf eine Vielzahl von Grundstücken erstreckt werden müssen.

(3) Entstehen durch eine nach Absatz 1 zulässige Maßnahme dem Eigentümer oder Besitzer unmittelbare Vermögensnachteile, so ist dafür von dem Träger des Unternehmens, dessen Durchführung eine Enteignung erfordern kann, eine angemessene Entschädigung in Geld zu leisten. Kommt eine Einigung über die Geldentschädigung nicht zustande, so setzt die Enteignungsbehörde die Entschädigung fest; vor der Entscheidung sind die Beteiligten zu hören.

Artikel 2 Änderung des Bundesbaugesetzes

§ 38 Bundesbaugesetz ist wie folgt zu ändern:

In Satz 1 ist nach: „den Luftverkehrsgesetzen in der Fassung vom 10. Januar 1959 (BGBl. I S. 9)" das Wort „und" zu streichen, dafür ein Komma zu setzen; hinter die Klammer „(BGBl. I S. 241)" sind die Worte einzufügen: „und das Gesetz zur Förderung der Energiewirtschaft (Energiewirtschaftsgesetz) vom 13. 12. 1935 (RGBl. I S. 1451)".

Art. 3

Dieses Gesetz gilt nach Maßgabe des Dritten Überleitungsgesetzes vom 4. Januar 1952 (BGBl. I S. 1) auch im Lande Berlin.

Art. 4

Dieses Gesetz tritt zwei Monate nach seiner Verkündung in Kraft.

Literaturverzeichnis

AUBERT, J.: Fernmelderecht, 2. Aufl., Hamburg 1962.

BLÜMEL, L.: Das Zusammentreffen von Planfeststellungen, DVBl. 1960, 697 ff.

BÖRNER, B.: Kann die deutsche Energiewirtschaft ihre Aufgaben in den achtziger Jahren mit dem geltenden Energiewirtschaftsgesetz erfüllen? ET 1973, 417 ff.

BÖRNER, B.: Staatsmacht und Wirtschaftsfreiheit, Bad Homburg 1970.

BÖRNER, B.: Studien zum deutschen und europäischen Wirtschaftsrecht, Kölner Schriften zum Europarecht, Bd. 17, Köln 1973.

BRENKEN-SCHEFER: Handbuch der Raumordnung und Planung, Köln 1966.

BREUER, R.: Die hoheitliche raumgestaltende Planung, Bonn 1968.

BRÜGELMANN-ASMUSS-CHOLEWA-V. D. HEIDE: Raumordnungsgesetz, Stuttgart 1970.

BULLINGER, M.: Die Mineralölfernleitungen, Gesetzeslage und Gesetzeskompetenz, res publica, Beiträge zum öffentlichen Recht, Bd. 8, Stuttgart 1962.

BURGHARTZ, S. J.: Wasserhaushaltsgesetz und Wassergesetz für Nordrhein-Westfalen, 1962.

DAGTOGLOU, P.: Kollegialorgane und Kollegialakte der Verwaltung, Stuttgart 1960.

DARGE-MELCHINGER-RUMPF: Gesetz zur Förderung der Energiewirtschaft, Berlin 1936.

DEPPE: Die absorptiven Wirkungen der Planfeststellung im Bundesbahn- und Fernstraßengesetz und die bundesstaatliche Ordnung, 1957.

ECKERT, L.: § 4 des Energiewirtschaftsgesetzes, Frankfurt 1966.

EISER-RIEDERER-HLAWATY: Energiewirtschaftsrecht, 3. Aufl., München 1970.

EMMERICH, V.: Die Fiskalgeltung der Grundrechte, namentlich bei erwerbswirtschaftlicher Betätigung der öffentlichen Hand, JuS 1970, 332 ff.

EMMERICH, V.: Die kommunalen Versorgungsunternehmen zwischen Wirtschaft und Verwaltung, Frankfurt 1970.

ERNST-ZINKHAHN-BIELENBERG: Bundesbaugesetz, München 1969.

FINGER, H.-J.: Eisenbahngesetze, 3. Aufl., Berlin 1952.

FISCHERHOF, H.: Energiewirtschaftsrecht und Atomenergierecht. In: v. Brauchitsch-Ule, Verwaltungsgesetze des Bundes und der Länder, Bd. VIII, Wirtschaftsverwaltungsrecht, Abschn. VI, Köln, o. J.

FÖRG, F.: Das Raumordnungsverfahren, BayVBl. 1961, 46 ff.

FRIAUF, K. H.: Baurecht und Raumordnung. In: Besonderes Verwaltungsrecht, hrsg. v. Ingo v. Münch, 2. Aufl., Bad Homburg 1970.

FRIAUF, K.-H.: Die Notwendigkeit einer verfassungskonformen Auslegung im Recht der westeuropäischen Gemeinschaften, AöR 85 (1960), S. 224 ff.

FROMM, G.: Öffentlich-rechtliche Fragen beim Bau von Untergrundbahnen, DVBl. 1969, 289 ff.

GOSSRAU, E.: Das neue Pipelinegesetz, BB 1964, 947 ff.

HALSTENBERG, F.: Die Bedeutung der Raumordnung für die öffentliche Gas- und Wasserversorgung, GWF 1966, 1 ff.

HALSTENBERG, F.: Landesentwicklungspläne in Nordrhein-Westfalen, Kommunalzeitschrift 1971, 250 ff.

HALSTENBERG, F.: Raumordnung, Regionalplanung und Elektrizitätsversorgung, EW 1966, 679 ff.

HAUG, W.: Behördliche Mitwirkungsakte im Verwaltungsprozeß — BVerwGE 16, 116, JuS 1965, 134 ff.

V. D. HEIDE: Das Zusammenwirken der Planungs- und Verwaltungsträger in den verschiedenen Planungsebenen nach dem Bundesraumordnungsgesetz, DÖV 1966, 177 ff.

HEITZER-LÄMMLE: Erdgasleitungen als Instrument der Landesstrukturpolitik, Raum und Siedlung 1967, 170 ff.

HENCKEL, K.: Die Staatsaufsicht nach dem Energiewirtschaftsgesetz, VEnergR 25/26, Düsseldorf 1970.

HERZOG, R.: Allgemeine Staatslehre, Frankfurt 1971.

HESSE, K.: Grundzüge des Verfassungsrechts der Bundesrepublik Deutschland, 5. Aufl., Karlsruhe 1971.

HIDDEMANN, H.: Die Planfeststellung im Flurbereinigungsgesetz, Jur. Diss., Münster 1970.

Hochschule für Verwaltungswissenschaften, Speyer: Zum Musterentwurf eines Verwaltungsverfahrensgesetzes, Speyer 1966.

HOHBERG, H.: Das Recht der Landesplanung. Veröffentlichungen der Akademie für Raumforschung und Landesplanung, Abhandlungen Bd. 47, Hannover 1966.

HOFMANN: Gewerblicher Rechtsschutz, 2. Aufl. 1969.

HORSTER, R.: Die Zulassung von Mineralölpipelines, Jur. Diss., Bonn 1969.

JOACHIM, H.: Dienstbarkeitsentschädigungen für Fernleitungsrechte von Versorgungsunternehmen, NJW 1963, 473 ff.

JOACHIM, H.: Diskussionsbemerkung. In: Energiewirtschaft und Raumordnung, Forschungs- und Sitzungsberichte der Akademie für Raumforschung und Landesplanung, Bd. 38, Hannover 1967, S. 57.

JOACHIM, H.: Nochmals: Folgekosten für Versorgungsleitungen, ET 1972, 154 f.

JOACHIM, H.: Die Kreuzung öffentlicher Straßen durch unterirdische Energieversorgungsleitungen, NJW 1968, 1453 ff.

JOACHIM, H.: Die enteignungs- und energierechtliche Problematik für Versorgungsleitungen, NJW 1969, 2175 ff.

JOACHIM, H.: Zum Problem der Folgekosten für Ferngasleitungen, ET 1971, 394 ff.

JOACHIM, H.: Die Rechtsnatur der Enteignungsanordnung, DVBl. 1959, 388 ff.

JOACHIM, H.: Rechtsprobleme beim Bau von Pipelines, Sonderdruck aus Haus der Technik — Vortragsveröffentlichungen Heft 303 „Symposium Rohrleitungstechnik — Rohrleitungen für den Ferntransport —", Essen, o. J.

JOACHIM, H.: Rechtsprobleme bei der Inanspruchnahme von öffentlichen Straßen durch Energieversorgungsleitungen, GWF 1969, 364 ff.

JOACHIM, H.: Zur Zuständigkeit der Energieaufsichtsbehörden der Länder für Entscheidungen nach dem Energiewirtschaftsgesetz vom 13. Dezember 1935, Recht und Steuern im Gas- und Wasserfach 1971, 1 ff.

JUNGE, W.: In: Müller-Henneberg-Schwartz, Gesetz gegen Wettbewerbsbeschränkungen und Europäisches Kartellrecht, Gemeinschaftskommentar, 2. Aufl., Köln 1963.

KELLER, E.: Enteignung für Zwecke der öffentlichen Energieversorgung — Zur Auslegung und Anwendung des § 11 Energiewirtschaftsgesetz, Jur. Diss., München 1967.

KIMMINICH, O.: In: Kommentar zum Bonner Grundgesetz, Hamburg seit 1950.

KINDERMANN, H. H.: Rechtsprobleme beim Bau und Betrieb von Erdölfernleitungen, Schriften zum Wirtschaftsrecht, Bd. 2, Berlin 1965.

KODAL, K.: Straßenrecht, 2. Aufl., München 1964.

KÖLBLE, G.: Die hoheitliche Verwaltung des Bundes und die Staatsgewalt der Länder, DÖV 1962, 661 ff.

KÖTTGEN, A.: Der Einfluß des Bundes auf die deutsche Verwaltung und die Organisation der bundeseigenen Verwaltung, JböffR, n. F., Bd. 3, Tübingen 1954.

VON KRIES, O.: Gesichtspunkte der Raumordnung und Landesplanung zur Führung und Gestaltung von Freileitungen, ET 1966, 13 ff.

VON KRIES, O.: Aus der Praxis bei der Erarbeitung einer Gasleitungsstraße, Raum und Siedlung 1969, 172 ff.

VON KRIES, O.: Rohölleitungen nach Süddeutschland, Raumforschung 1961, 87 ff.

VON KRIES, O.: Versorgungsleitungen, ein brennendes landesplenarisches Problem, Raumforschung und Raumordnung 1956, 210 ff.

KRUCHEN, E.: Zur eisenbahnrechtlichen Planfeststellung, DÖV 1957, 172 ff.

LADEWIG, W.: Die Energieversorgungsunternehmen in der Raumordnung, Köln 1970.

LANDMANN-ROHMER-EYERMANN-FRÖHLER: Gewerbeordnung, 12. Aufl., München 1969.

LEIBHOLZ-RINK: Grundgesetz für die Bundesrepublik Deutschland, Kommentar, 4. Aufl., Köln 1971.

54

LEY, N.: Energiewirtschaft als Instrument und Problem der Landesplanung. In: Energiewirtschaft und Raumordnung, Forschungs- und Sitzungsberichte der Akademie für Raumforschung und Landesplanung, Bd. 38, Hannover 1967.

LOEBELL: Das Preußische Enteignungsgesetz vom 11. Juni 1874.

LOEWENSTEIN, K.: Verfassungslehre, 2. Aufl., Tübingen 1969.

LUDWIG-CORDT-STECH: Recht der Elektrizitäts-, Gas- und Wasserversorgung, Frankfurt 1965.

MALZER, G.: Das Wege-, Preis- und Kartellrecht in der Energieversorgung, Essen 1966.

MARSCHALL, E. A.: Bundesfernstraßengesetz, 3. Aufl., Köln 1971.

MARSCHALL, E. A.: Eisenbahnkreuzungsgesetz, Köln 1963.

MATTHEIS, G.: Erforderlichkeit der Enteignung für Energieversorgungsleitungen, NJW 1963, 1804 ff.

MAUNZ-DÜRIG-HERZOG: Grundgesetz, München 1969.

MAUNZ, TH.: Grundlagen des Energiewirtschaftsrechts, Verwaltungsarchiv 50, Köln 1959, S. 315 ff.

NEUFANG, H.: Die Anfechtbarkeit der Enteignungsanordnung, DVBl. 1951, 108 ff.

NEUFANG, H.: Grundstücksenteignungsrecht, Grundriß des Verwaltungsrechts, Bd. 39, Tübingen 1952.

NEUMANN, R.: Die Verhältnismäßigkeit der Enteignung, Deutsche Wohnungswirtschaft 1959, 180 ff.

NIEDERLEITHINGER, E.: Die Stellung der Versorgungswirtschaft im Gesetz gegen Wettbewerbsbeschränkungen, VEnergR 18/19, Düsseldorf 1968.

NIEMEIER, H.-H.: Landesplanungsrecht und energierechtliche Probleme, Vortrag gehalten auf dem 33. Kolloquium des Instituts für Energierecht, unveröffentlichtes Manuskript.

NIEMEIER-BENSBERG: Nordrhein-Westfalen plant, hrsg. vom Minister für Landesplanung, Wohnungsbau und öffentliche Arbeit des Landes Nordrhein-Westfalen, Bd. 23, Essen 1967.

NOUVORTNE: Raumordnung aus der Sicht der Länder. In: Die Raumordnung drängt, hrsg. von der Landesgruppe Nordrhein-Westfalen der deutschen Akademie für Städtebau und Landesplanung, 1964.

PFUNDTNER-NEUBERT: Das neue Deutsche Reichsrecht, III. Wirtschaftsrecht, a) Industrie, 4. Energiewirtschaft, Berlin 1933 ff.

PÜTTNER, G.: Die öffentlichen Unternehmen, Bad Homburg 1969.

RITTNER, F.: Das Ermessen der Kartellbehörde. In: Festschrift für Heinz Kaufmann, Köln 1972, S. 307 ff.

SALZWEDEL, G.: Der Entwurf des Bundeswasserstraßengesetzes (Bundesratsdrucksache 241/65) und die Länderkompetenzen, ZfW 1965, 92 ff.

SCHACK F., und MICHEL, H.: Die verfassungskonforme Auslegung, Referat und Korreferat, JuS 1969, 269 f.

SCHELBERGER, H.: Die Erdgasversorgungslage in der Bundesrepublik Deutschland. In: Energie-Leistungen, Prognosen, Alternativen. Eine ÖTV-Dokumentation, Mannheim 1972, S. 217 ff.

SCHELBERGER, H.: Überlegungen zur heutigen Situation der energiewirtschaftlichen Investitionskontrolle. In: Beiträge zum Recht der Wasserwirtschaft und zum Energierecht, Festschrift für Paul Giesecke, Karlsruhe 1958, S. 387 ff.

SCHELBERGER, H.: Das Verhältnis des Anzeigeverfahrens nach § 4 Energiewirtschaftsgesetz zu sonstigen Verfahrensbestimmungen über Bauvorhaben, EW 1957, 29 ff.

SCHEUTEN, G. H.: Planung und Sicherung von Leitungswegen, ET 1964, 269 ff.

SCHNEIDER, H.: Werbesendungen der Rundfunkanstalten als Gegenstand eines Bundesgesetzes? NJW 1965, 937 ff.

SCHUEGRAF, E.: Der mehrstufige Verwaltungsakt, NJW 1966, 177 ff.

SCHULER, A.: Regionale Elektrizitätswirtschaft und Raumordnung, Raumforschung und Raumordnung 1962, Sonderdruck, Köln.

SCHULTE, R.: Die Elektrizitätsversorgung im Spannungsfeld der Wirtschaft. In: Energie — Leistungen, Prognosen, Alternativen. Eine ÖTV-Dokumentation, Mannheim 1972, S. 83 ff.

SEUFERT, G.: Bayerisches Enteignungsrecht, Kommentar, Berlin 1957.

SIEDER-ZEITLER: Bayerisches Straßen- und Wegegesetz, 2. Aufl., München 1972.

SIEDER-ZEITLER: Wasserrecht, Bd. I, Wasserhaushaltsgesetz, München 1970.

55

STERN-PÜTTNER: Die Gemeindewirtschaft — Recht und Realität, Stuttgart 1965.

TEGETHOFF, W.: Die Bayerische Bauordnung, Neufassung 1969, dargestellt unter besonderer Berücksichtigung von Bauvorhaben der Energie-Versorgungs-Unternehmen, Frankfurt 1970.

TREIBERT, H.: Die öffentliche Elektrizitätsversorgung in Deutschland während der letzten Jahrzehnte — unter besonderer Berücksichtigung des kommunalen Anteils, Kommunalwirtschaft 1962, 198 ff.

ULLRICH-LANGER: Landesplanung und Raumordnung, Sammlung der Rechtsvorschriften von Bund, Ländern und Gemeinden als Träger der Planungshoheit, Stand 1973, Bd. 4, 5 und 6.

WAGNER, H.: Das Recht der Energieversorgungsleitungen als Anwendungsfall allgemeiner Rechtsgrundsätze des Verwaltungsrechts, JuS 1968, 197 ff.

WEBER, W.: Rechtsgutachten über Fragen der Verfassungsmäßigkeit des Regierungsentwurfes eines Raumordnungsgesetzes, Göttingen 1963.

WESTERMANN, H.: Aktuelles und werdendes Recht der Mineralölfernleitungen, Karlsruhe 1964.

WOLFF, H. J.: Verwaltungsrecht I, 8. Aufl., München 1971.

WOLFF, H. J.: Verwaltungsrecht II, 3. Aufl., München 1970.

WOLFF, H. J.: Verwaltungsrecht III, 2. Aufl., München 1967.

ZEISS, F.: Das Eigenbetriebsrecht der gemeindlichen Betriebe, 2. Aufl., Stuttgart 1956.

ZEISS, F.: Kommunales Wirtschaftsrecht und Wirtschaftspolitik. In: Handbuch der kommunalen Wissenschaften und Praxis, hrsg. von Hans Peters, Bd. III, Berlin 1959.

ZINKHAHN-BIELENBERG: Raumordnungsgesetz des Bundes, München 1965.